BENOÎT R. SOREL

L'ÉLEVAGE PROFESSIONNEL D'INSECTES

Points stratégiques et méthode de conduite

Éditions BoD

SOMMAIRE

1 RÉSUMÉ 1

2 INTRODUCTION 3
   2.1 Les insectes dans la société moderne 3
   2.2 L'objectif de l'élevage professionnel d'insectes 4
   2.3 Particularités de l'élevage professionnel d'insectes 5
      2.3.1 Simulation d'élevage 5
      2.3.2 Points stratégiques 6
      2.3.3 Conduite de l'élevage 7
      2.3.4 Utilité et limite de la littérature spécifique 7
      2.3.5 Les difficultés de l'élevage d'insectes 9
      2.3.6 Terminologie de l'élevage d'insectes 10
   2.4 Utilité d'une méthode de conduite 11

3 PRÉLUDES 13
   3.1 Définition de l'expérience et du savoir-faire 13
   3.2 L'élevage d'insectes en tant que système de production . 14
      3.2.1 Le cahier des charges 14
      3.2.2 Les responsabilités du conducteur d'élevage 15
      3.2.3 Les moyens de production 15
      3.2.4 Les ressources 16

4 LA MÉTHODE DE CONDUITE 17
   4.1 Concevoir un système de production adéquat 18
      4.1.1 Connaître les insectes in situ 18
      4.1.2 Choisir les types d'élevage 20
      4.1.3 Choisir des procédures d'élevage efficaces 27
   4.2 Gérer les difficultés 30
      4.2.1 Processus de gestion des difficultés 30
      4.2.2 Facteurs de causes 31
      4.2.3 Identifier les causes 31
      4.2.4 Catégories de solutions 34
      4.2.5 Dénouements possibles 34

    4.2.6 Difficultés majeures 35
    4.2.7 Enjeux sanitaires 36
    4.2.8 Atmosphère de travail : gestion du personnel 37
    4.2.9 Indications pratiques supplémentaires 38
  4.3 Résumé des chapitres précédents 39
  4.4 Acquérir une compréhension théorique 40
    4.4.1 Définition et utilité 40
    4.4.2 Modèles de la configuration de l'élevage 41
    4.4.3 Documentation de la qualité de production 44
  4.5 Préserver et transmettre le savoir 46
    4.5.1 Situations d'acquisition d'expérience 46
    4.5.2 Documentation de l'expérience 47
    4.5.3 Gérer le savoir 50

5 CONCLUSION 52
  5.1 Les tenants et les aboutissants de l'élevage d'insectes 52
  5.2 Élevage professionnel versus élevage de loisir 53
  5.3 Savoir académique 54
  5.4 Plaidoyer pour une science de l'élevage des insectes 55

6 BIBLIOGRAPHIE 58

7 INDEX LEXICAL 59

1 RÉSUMÉ

Nous présentons une méthode pour identifier et coordonner les problématiques inhérentes à l'élevage professionnel d'insectes, c'est-à-dire l'élevage soumis à des impératifs matériels, temporels et économiques de production. Cette méthode est valable pour toutes les espèces d'insectes ainsi que pour de nombreux arthropodes. Elle est conçue pour être utilisée comme un outil de travail par les responsables des élevages.

Nous partons des constats que l'activité d'élevage d'insectes est trop souvent réduite à des considérations de biologie et de techniques, et que sa terminologie spécifique est peu développée. Nous identifions ce qu'il faut appeler des *points économiquement stratégiques* de l'élevage professionnel : le démarrage de l'élevage, sa maintenance au quotidien, l'évaluation et l'ajustement de la qualité des insectes, et enfin l'adaptation de l'élevage aux fluctuations des contraintes économiques.

À chacun de ces points stratégiques, il faut pouvoir prendre des décisions sur une base aussi objective que possible. Cela requiert d'avoir connaissance des problématiques complémentaires à la biologie de l'insecte et aux techniques d'élevage proprement dites : il s'agit de l'*adéquation de l'élevage* au cahier des charges, de la *gestion des difficultés*, de l'acquisition d'une *compréhension théorique* du fonctionnement de l'élevage et de la *création et transmission du savoir-faire*. Ces problématiques ne sont en général pas abordées dans la littérature entomologique.

Notre méthode de *conduite d'élevage* consiste en l'identification et la gestion *systématique* et in situ de ces problématiques. Cette méthode repose sur une combinaison de perspectives :
Gestion de la qualité, méthodologie scientifique, gestion des connaissances, de l'expérience et du personnel. Seule une telle pluridisciplinarité permet de bien saisir les tenants et les aboutissants des problématiques.

Elle permet au responsable de l'élevage, pour chaque point économiquement stratégique, de concevoir une *palette* de mesures pratiques pour guider l'élevage.

In fine il s'agit de toujours garder le contrôle de la qualité des insectes produits, quelles que soient les variations du contexte économique. La diversité et la sensibilité des insectes en font un défi qu'il ne faut pas sous-estimer, mais c'est selon nous, pour tout élevage professionnel, la clé de la rentabilité.

2 INTRODUCTION

2.1 Les insectes dans la société moderne

Les élevages d'insectes et d'autres arthropodes tels que les araignées et les acariens sont inventés afin de pourvoir à diverses fonctions dans notre société moderne :

Agriculture et sylviculture
- Production d'insectes comme auxiliaires de lutte biologique contre les ravageurs de culture (par exemple les guêpes parasitoïdes contre les pucerons)
- Production d'insectes au phénotype contrôlé, destinés à être relâchés dans le milieu naturel afin de réduire les populations naturelles de ravageurs (par exemple la production de mâles stériles afin de réduire des populations de mouche des fruits)
- Production d'insectes pour l'alimentation humaine indirecte (élevage des abeilles pour la production de miel) ou directe (en fonction de la culture du pays)
- Production d'insectes pour la soie

Recherche
- Production d'insectes pour la recherche fondamentale en biologie, écologie et chimie
- Production d'insectes pour la recherche appliquée en biochimie : identification de molécules aux propriétés techniques intéressantes (par exemple les protéines des toiles d'araignée)

Santé
- Production d'insectes comme agents de guérison (par exemple le soin des plaies grâce à des fourmis et des larves de mouche)
- Production d'insectes qui sécrètent des substances soignantes (par exemple la propolis des abeilles)
- Production d'insectes au phénotype contrôlé, destinés à être relâches dans le milieu naturel afin de réduire les populations naturelles de vecteurs de maladies (par exemple la production de mâles stériles afin de réduire des populations de moustiques vec-

teurs de la malaria)

Loisirs
- Production d'insectes destinés à être présentés dans les zoos et insectariums
- Production d'insectes comme nourriture pour les animaux de zoo et de compagnies (reptiles et oiseaux notamment)
- Productions d'insectes comme appâts de pêche (larves de mouches par exemple)

En comparaison avec les élevages traditionnels de bovins ou d'ovins, l'élevage d'insecte remplit des fonctions plus diversifiées qu'on ne le pense à priori, mais il demeure une activité de niche. Il existe quelques syndicats de producteurs : les producteurs d'auxiliaires de lutte biologiques sont représentés au niveau international par le groupe Agents de Bio contrôle Invertébrés (acronyme anglais INCA) de l'Association Internationale des Producteurs de Biocontrôle (acronyme anglais IBMA) et par l'Organisation Internationale de Biocontrôle (acronyme anglais IOBC).

À côté des élevages professionnels d'insectes existent des élevages amateurs, tenus par des particuliers, des écoles ou des associations. Des exemples de tels élevages sont présentés sur le site internet de l'Office Pour les Insectes et leur Environnement (OPIE) : www.insectes.org

2.2 L'objectif de l'élevage professionnel d'insectes

Un éleveur professionnel n'a qu'un seul objectif à atteindre : **produire des insectes de qualité élevée et constante**. Par qualité élevée s'entend la satisfaction complète de tous les critères de production tels que définis dans le cahier des charges. Parmi ces critères se trouvent notamment les caractéristiques de l'insecte qui sont demandées par le client ou le futur utilisateur des insectes, afin que les insectes soient conformes à l'usage qui leur est dévolu (agents de lutte biologique intégrée en serre, nourriture vivante pour animaux, spécimens destinés à voler parmi le public d'un zoo, par exemple). Par qualité constante s'entend la nécessité de maintenir la qualité quelles que soient les fluctuations des ressources autorisées par les contraintes économiques en temps comme en argent. Avoir une production de qualité élevée et constate est indispensable pour établir des relations de confiance sur le long terme avec les clients. Nous allons voir que cela exige une certaine créativité.

2.3 Particularités de l'élevage professionnel d'insectes

2.3.1 Simulation d'élevage

Nous allons introduire certaines particularités de l'élevage d'insectes à l'aide d'une simulation : vous êtes responsable de la mise en place d'un élevage et de son adaptation à la demande.

Jour 0   Début de l'élevage.

J+7   Atteinte des critères de production. C'est possible, car vous reproduisez avec soin les techniques et les conditions d'élevage exposées dans la littérature. La qualité de production se situe dans l'intervalle attendu.

J+15   Vous rencontrez la première difficulté, un nombre insuffisant d'insectes produits (une difficulté fréquente).

J+18   Vous identifiez l'origine de la difficulté comme étant la nourriture des insectes, dont la qualité n'est pas constante.

J+20   Vous trouvez une entreprise qui fournit une nourriture plus fiable, et vous perfectionnez la procédure pour contrôler la qualité de la nourriture dès réception.

J+23   L'élevage fonctionne à nouveau.

J+30   L'élevage s'effondre et il ne vous reste que quelques insectes pour le reconstruire.

J+36   Vous trouvez que l'origine de la difficulté sont les conteneurs d'élevage. Vous ne pouvez plus les considérer comme étant d'une seule pièce, car vous découvrez que leurs composants ne s'ajustent pas ensemble de manière optimale. Les insectes se concentrent dans ces interstices. Là ils ne peuvent plus être observés ni évalués. Le processus qui inhibe la reproduction et / ou engendre la mortalité des insectes demeure donc inconnu : la nourriture ne leur parvient peut-être plus, ou leur comportement dans ces interstices est peut-être altéré. Vous redessinez donc les conteneurs d'élevage pour proscrire les interstices, vous écrivez la nouvelle procédure d'assemblage des conteneurs et vous vous assurez que votre personnel est conscient de ce trait de comportement de l'insecte et des risques associés.

J+40   L'élevage fonctionne à nouveau.

J+47   La demande est réduite de 75%. Vous décidez de réduire la quantité d'insectes produits pour maintenir la rentabilité.

J+50   Vous remarquerez que pour cet objectif de production, la taille de l'élevage montre d'importantes fluctuations erratiques, et donc vous ne pouvez pas satisfaire cette demande réduite. De plus, les ressources nécessaires demeurent importantes, ce qui annule toute rentabilité économique.

J+59   Finalement, vous découvrez qu'il est possible d'élever les insectes d'une autre manière, qui épargne les ressources, qui est fiable, qui garantit une bonne vitalité des insectes, et qui est donc approprié pour une faible demande.

2.3.2 Points stratégiques

La simulation illustre les quatre points stratégiques qui conditionnent la rentabilité économique de l'élevage :

J0 à +7
Point stratégique 1
La phase de mise en place de l'élevage
Objectif : Elle doit être chronologiquement planifiée, avec utilisation de dates-butoir.

J+15 à J+36
Point stratégique 2
La maintenance continue de l'élevage
Objectif : la maintenance doit être fiable et les ressources nécessaires doivent être connues

J+36 Point stratégique 3	**Évaluation et ajustement de la qualité des insectes** Objectif : ils doivent pouvoir être réalisés à chacune des étapes d'élevage
J+47 à J+59 Point stratégique 4	**Adaptation de l'élevage aux changements des contraintes économiques** Objectif : elle doit être possible et rapide

2.3.3 Conduite de l'élevage

Cette simulation illustre aussi que pour passer avec succès chaque point stratégique, deux types d'actions sont nécessaires :

- maîtriser des techniques d'élevage ;
- trouver quelles techniques d'élevage utiliser selon la situation.

Nous regroupons toutes les actions du second type sous l'expression de « **conduite d'élevage** ». Les deux types d'actions ne doivent pas être confondus. La conduite d'élevage consiste, à chacun des points stratégiques, à savoir analyser la situation (état présent, origines, conséquences), à savoir obtenir une palette de techniques alternatives, et à savoir choisir parmi elles celle qui sera la plus adaptée à la situation.

2.3.4 Utilité et limite de la littérature spécifique

Si votre mission est de créer, de maintenir ou de développer des élevages d'insectes, vous devriez avoir à votre disposition une littérature scientifique entomologique concernant l'écologie, la physiologie et l'éthologie (le comportement) de l'espèce à élever. Si ce n'est pas le cas, en plus d'une nécessaire recherche d'articles scientifiques classiques (anatomie, éthologie, possibilité d'élevage), vous pouvez recueillir des informations en assistant à des réunions d'experts dévolues à des aspects précis de la biologie de l'insecte. Par exemple il existe des séminaires dédiés à l'étude des mécanismes biochimiques ou physiologiques remarquables, à l'étude de l'évolution des aires de répartition de l'insecte, au suivi de la santé des populations naturelles, aux études de santé publique en lien avec la pathogénécité de l'insecte, à l'étude des impacts économiques de l'insecte... Vous pouvez aussi contacter les associations entomologiques : elles possèdent généralement des ouvrages d'identification, d'anatomie et d'éthologie.

Vous devez compléter ces connaissances, exhaustives et précises relatives à la biologie de l'insecte, avec des informations issues de la presse que lisent vos clients et les usagers finaux des insectes. Vous parviendrez ainsi à connaître précisément la valeur sociétale (économique, culturelle) de l'insecte, ce qui peut aider à devancer les évolutions des critères de production. Et vous connaîtrez mieux ce qui anime le groupe de personnes qui s'intéresse à la particularité biologique en question de l'insecte.

La littérature recueillie devrait être indexée dans une base de données à champs multiples : la discipline biologique, la date, le degré de professionnalisme des auteurs (académicien ou entomologiste amateur), la nature de l'institut ou l'organisation où l'article a été rédigé, la distance entre vous et l'auteur (il peut être nécessaire de contacter l'auteur). Cette base de données doit rester facilement accessible et utilisable à tout moment, afin de pouvoir réagir rapidement à l'occurrence d'une difficulté inédite dans l'élevage.

La nécessité de la littérature spécifique est donc évidente : vous pouvez y trouver pour une espèce donnée plusieurs techniques d'élevage très précises et presque « prêtes à l'emploi ». Il faut les utiliser. Mais il est également évident que l'utilité de cette littérature est limitée. D'une part elle ne remplace ni l'expérience ni le savoir-faire. D'autre part, étant consacrée aux techniques d'élevage et à la biologie de l'insecte, elle ne contient pas de méthode explicite pour aider à faire *l'analyse de situation* (confrontation des données sur la biologie de l'insecte, les ressources nécessaires pour l'élevage, la rentabilité, les délais) et adapter l'élevage. Par définition cela ne fait pas partie des objectifs de la littérature spécialisée. Certes, les auteurs proposent généralement des indications en cas de problème avec une technique. Mais ces indications ne sont pas utiles si vous n'avez pas préalablement identifié avec méthode la situation dans laquelle vous vous trouvez.

2.3.5 Les difficultés de l'élevage d'insectes

Nous appelons « **difficulté** » tout ce qui empêche d'atteindre les objectifs de production. La simulation illustre quelques exemples de difficultés et de solutions. Plus précisément, nous distinguons trois paramètres pour une difficulté :

- l'élément de l'élevage qui est affecté ;
- les caractéristiques des contraintes économiques au moment de l'occurrence ;
- le type de conséquences :
  - atteinte incomplète ou imprécise des critères de production (par exemple une quantité insuffisante, un retard de livraison, des insectes en limite d'âge) ;
  - ou échec complet de production (impossibilité d'extraire les insectes de milieu d'élevage ou effondrement de l'élevage).

Qu'est-ce qui fait la particularité des difficultés rencontrées dans l'élevage d'insectes ? Considérons ces deux faits :

1. La diversité physiologique, éthologique et écologique des insectes est littéralement énorme. Cc qui fait que les techniques d'élevage doivent toujours être spécifiques, c'est-à-dire adaptées précisément à l'espèce. Il n'existe pas de technique d'élevage valable pour tous les insectes.
2. Trois paramètres de difficulté implique qu'une grande diversité de situations est possible.

Donc quand on élève des insectes, il faut s'attendre à ce chaque difficulté qui advient soit vraisemblablement unique. Et l'expérience et le savoir acquis en cherchant la solution à la difficulté seront aussi vraisemblablement uniques.

Il s'ensuit que l'utilité de ce savoir acquis est limitée : il ne pourra vraisemblablement pas être réutilisé dans d'autres situations. C'est ce qu'illustre la simulation : l'expérience du démarrage réussi n'empêche pas l'occurrence de difficultés, même majeures, qui réduisent la rentabilité économique de l'élevage. Et cela même alors que l'élevage aura pu fonctionner correctement sur une période prolongée (et non pas seulement de façon ponctuelle).

Une grande diversité des difficultés et une forte circonscription de l'expérience et des connaissances sont typiques de l'activité d'élevage d'insectes. Il est donc avantageux de pouvoir aller justement à l'encontre de cette diversité, en ayant une méthode pour

- gérer les difficultés de façon systématique ;
- et gérer l'expérience et les connaissances acquises aussi de façon systématique. Cela non pas pour augmenter leur portée (ce qui n'est pas possible) mais pour *rendre plus facile et plus rapide l'acquisition d'expérience et de connaissances ultérieures*. Nous disons que l'expérience et les connaissances sont ainsi « mises en forme » pour le long terme.

2.3.6 Terminologie de l'élevage d'insectes

Afin de maintenir la qualité des insectes produits d'une année sur l'autre, l'élevage doit être fiable et prévisible. Les éléments qui composent l'élevage ainsi que leurs interactions doivent donc être précisément connus. Pour cela, il faut disposer d'une terminologie qui englobe la diversité des techniques et des situations, et qui permette de les catégoriser et de les ordonner. En effet, à chaque point stratégique il faut prendre la décision d'utiliser les techniques qui sont adaptées aux caractéristiques de la situation. Cette prise de décision est facilitée, et plus rigoureuse, si l'on peut comparer les techniques et les situations non pas une à une mais par catégorie. Catégories qu'il faut identifier et nommer, catégories qui doivent faire sens dans un contexte économique.

Tout le savoir, quantitativement très important, sur la biologie des insectes et leur élevage, provient de nombreux instituts de biologie. Mais en général chaque institut est spécialisé dans l'étude d'un taxon particulier. À notre connaissance, il n'existe qu'un seul institut de recherche dédié à l'activité d'élevage d'insectes en tant que telle[1]. Donc nous pensons qu'il manque assurément à l'élevage d'insectes une terminologie spécifique, en comparaison avec les élevages traditionnels très étudiés et industrialisés (aviculture, élevage bovin et porcin en particulier), qui bénéficient d'une terminologie exhaustive.

---

1 Nous reviendrons sur cela dans la conclusion.

2.4 Utilité d'une méthode de conduite

Ces particularités de l'élevage d'insecte en contexte économique (limites de la littérature spécifique, manque de terminologie adéquate), créent de facto un environnement favorable pour la prise de décisions intuitives et subjectives aux points stratégiques. Sans les mots pour distinguer, discerner les choses et les nommer, on utilise nécessairement la subjectivité, c'est un réflexe psychologique. En suivant depuis l'introduction la réflexion exposée ici, le lecteur peut trouver la notion de point stratégique évidente. Mais nous serions prêts à parier que beaucoup d'éleveurs d'insectes n'ont pas identifiés en tant que tels ces étapes de l'élevage ; cette notion fait justement partie de la terminologie que nous voulons proposer. Une terminologie empruntée à d'autres domaines peut se révéler trop faible en quantité et en pouvoir descriptif et explicatif. Dans ce cas, les caractéristiques de l'élevage ne peuvent pas être bien identifiées et l'analyse de situation manque de méthode. Les décisions prises ont pour conséquence inévitable des échecs de production, à moyen et à long terme.

Ces particularités doivent être compensées en usant de méthode pour conduire l'élevage. Notre méthode permet d'analyser objectivement la situation (état présent, origines, conséquences), d'obtenir une palette de techniques alternatives, et de savoir choisir parmi elles celle qui est la plus adaptée à la situation. Cette méthode repose sur un effort d'attribution de termes et de définitions, ainsi que d'identification de catégories et de priorités. Nous entendons apporter des descriptions précises aux objets et aux actions spécifiques de l'activité d'élevage d'insecte, pour aider à mieux saisir les tenants et les aboutissants de cette activité et mieux prévenir et gérer ses difficultés spécifiques. Bref, nous entendons donner au responsable d'élevages une terminologie *opératoire*.

Une telle terminologie nécessite une élaboration particulière. Nous trouvons les moyens de la proposer *en considérant l'activité d'élevage d'insectes à travers trois perspectives : la gestion de la qualité, la production et la gestion des connaissances et la méthodologie scientifique*. En mots simples, notre méthode sert à identifier et coordonner les différents aspects de l'activité d'élevage d'insectes.

Nous avons durant trois années conduit des élevages d'insectes auxiliaires[2] en conditions de laboratoire, à des fins d'expérimentation écotoxicologique, en cycle de vie partiel ou complet. Et au terme de ces années, il nous a semblé que c'est en amenant sur l'élevage d'insecte les perspectives du sociologue des sciences Bruno LATOUR et de l'économiste W. Edwards DEMING, que nous pouvions élargir notre vision, très praticienne, de l'élevage. Avec ces perspectives nous débouchons sur un méta-niveau, où la biologie de l'insecte, les moyens matériels, la gestion des difficultés ainsi que l'atmosphère de travail se rejoignent, un niveau où elles peuvent être gérées conjointement : c'est le niveau auquel se place notre méthode.

C'est une méthode de gestion, tout simplement. Ayant pour sujet des êtres vivants, il nous a semblé opportun de préférer l'appellation de méthode de *conduite*, qui rappelle l'usage dans les élevages bovins et équins (conduite de troupeaux).

Elle doit aider les responsables d'élevages à développer une vision claire, large, ordonnée, à court comme à long terme, de tous les enjeux qui se trouvent réunis dans un élevage professionnel.

---

2   Auxiliaires, utilitaires, bénéficiaires, sont des adjectifs utilisés pour décrire les insectes et arthropodes prédateurs et parasites des ravageurs de culture. Les plus connus sont les coccinelles, les chrysopes, les guêpes parasitoïdes et les acariens prédateurs. Leur élevage et leur lâcher, en plein champ ou en serre, pour remplacer l'utilisation de pesticides, est dénommé « Lutte Biologique Intégrée ».

3 PRÉLUDES

Avant d'utiliser la méthode de conduite, il faut s'accorder sur la définition de l'expérience et du savoir-faire. La méthode de conduite nécessite aussi de formaliser l'élevage d'insectes comme un système de production conventionnel.

3.1 Définition de l'expérience et du savoir-faire

Le dictionnaire Larousse 2012 donne la définition suivante du terme « **expérience** »: connaissance acquise par une longue pratique jointe à l'observation.

Il est aisé de remarquer comment l'expérience peut devenir rapidement entachée d'optimisme intuitif. Par le simple écoulement du temps, et par la focalisation psychologiquement spontanée sur les résultats positifs plutôt que négatifs, un sentiment biaisé d'efficacité sur le long terme s'installe. Les fluctuations imprévisibles et récurrentes de la qualité des insectes produits deviennent progressivement acceptées et les expressions similaires à « c'est comme ça ! » s'instaurent dans la routine de travail. On accepte des pertes, car elles semblent se maintenir dans une certaine marge. « Demain ce sera mieux. » Pour remédier à cette subjectivité qui s'installe, une méthode objective de documentation et d'évaluation des actes de travail ainsi que de la qualité de la production est nécessaire. Nous arrivons ici au travail de DEMING.

W. Edwards DEMING (1900 – 1993) était un statisticien et un pionnier de la gestion de la qualité. Dans les années 1980, il a aidé les gestionnaires japonais et américains à sortir leurs entreprises de la crise grâce à des méthodes innovantes pour l'évaluation et la gestion de la qualité. Le « prix DEMING » de gestion de la qualité est délivré tous les ans par l'union japonaise des scientifiques et des ingénieurs (JUSE). Le principe central de son œuvre *Out of the Crisis* est le suivant : l'expérience seule n'est pas une garantie pour atteindre et maintenir une qualité élevée de production. Elle doit être complétée par une « **compréhension théorique** » du fonctionnement du système de production. La compréhension théorique permet de concevoir les procédures de contrôle du système afin d'évaluer son fonctionnement, et elle permet de prédire la qualité de la production en fonction de la configuration et du fonctionnement du système de production[3]. Elle est donc la base de toute démarche de gestion de la qualité. Le développement de cette compréhension théorique ne doit pas être laissé au hasard du temps libre que permet l'activité de production : ce doit être une démarche volontariste, de premier plan, planifiée et méthodique, incombant au responsable d'élevage.

Inspirés par DEMING, nous proposons la définition suivante du « **savoir-faire** » :

Le savoir-faire est la combinaison de l'expérience pratique et de la compréhension théorique. Sans ce savoir-faire, il n'est pas possible d'assurer une production satisfaisante sur le long terme.

Notre méthode de conduite aide à construire de façon procédurière le savoir-faire spécifique à l'activité de l'élevage d'insectes, ainsi qu'à le conserver et le transmettre.

3.2 L'élevage d'insectes en tant que système de production

Nous allons identifier et classer les différents éléments d'un élevage d'insectes, de façon à percevoir l'élevage comme un système de production compatible avec les thèses de DEMING. Nous appelons « conducteur de projet » la personne en charge d'un projet d'élevage soumis à des obligations économiques.

3.2.1 Le cahier des charges

- Critères quantitatifs de production : quantité d'insectes, homogénéité de la production, date ou rythme de livraison.
- Critères qualitatifs : vitalité (activité physiologique et comportement) des insectes, taille, stade, sexe-ratio.
- Conditionnement : conteneurs particuliers (pour contrôler la température et l'humidité), si nécessaire avec substrat et nourriture, pour le transport. La durée du transport doit être prise en compte.

---

[3] Rappelons la définition usuelle d'une théorie : une théorie est ce qui permet d'observer, d'expliquer et de prédire l'occurrence d'un phénomène.

- Indications pour l'utilisateur (par exemple la date d'émergence en fonction de la température).

3.2.2 Les responsabilités du conducteur d'élevage

Vous devez atteindre l'objectif d'une production de qualité élevée et constante. Plus précisément, cela implique d'assumer quatre responsabilités :

1. Être en mesure de fournir des insectes qui répondent aux critères de production établis par le client ;
2. Être en mesure de fournir la production en temps voulu ;
3. Être en mesure d'informer le client de la disponibilité des insectes afin de pouvoir lui proposer un devis ;
4. Être en mesure de contrôler les ressources nécessaires à la production.

3.2.3 Les moyens de production

Le conducteur d'élevage doit avoir à sa disposition :

- Une ou des salles d'élevage, où les conditions climatiques (température, humidité, photopériode) peuvent être ajustées afin de satisfaire la biologie de l'insecte.
- Une salle technique pour accomplir les procédures d'élevage sans déranger le comportement des insectes ni mettre en péril l'élevage.
- Des conteneurs d'élevage, où les insectes vivent et se reproduisent.
- De l'équipement de manipulation, pour manipuler les insectes et manipuler les besoins des insectes.
- De l'équipement d'extraction, afin de transférer les insectes de l'élevage vers des conteneurs pour le transport, l'expédition ou la vente directe.
- De l'équipement de contrôle, afin de contrôler
  - la qualité des insectes pendant l'élevage et au cours de l'extraction ;
  - les conteneurs d'élevage ;
  - l'équipement de manipulation ;

- les salles d'élevage ;
- Des « **procédures d'élevage**[4] » : ce terme désigne toutes les indications écrites à suivre pour :
  - manipuler les conteneurs, l'équipement, les insectes et leurs besoins ;
  - concevoir les conteneurs et les besoins des insectes ;
- Des procédures d'observation et de contrôle
  - des salles, des conteneurs d'élevage et de l'équipement ;
  - des insectes (au cours de l'élevage et avant et après l'extraction).

3.2.4 Les ressources

- Les insectes servant à initier, maintenir et régénérer l'élevage. Il faut les différencier des insectes destinés à être exportés, même si concrètement ces deux catégories peuvent ne pas être séparées.
- Les besoins de l'insecte : nourriture, eau, substrats adaptés aux stades de développement (substrat aqueux, sédiment, litière, végétaux), température, hygrométrie, lumière
- Le personnel disponible et ses capacités (de concentration, d'observation, d'organisation et de communication), qui doivent être compatibles avec les procédures souvent longues et minutieuses de l'élevage d'insecte.
- Le temps disponible pour l'élevage.

Nous appelons « **configuration de l'élevage** » la combinaison des moyens et des ressources utilisées.

---

4 De par notre expérience personnelle d'élevage, nous ne voyons pas la nécessité de différencier les termes procédure, technique, procédé. Nous les utilisons comme synonymes.

4 LA MÉTHODE DE CONDUITE

Afin de guider avec succès votre élevage tout au long de chacun des points stratégiques, nous avons de par notre expérience personnelle identifié qu'il vous faut pouvoir accomplir quatre types d'action :

1 Concevoir un système de production adéquat
2 Gérer les difficultés
3 Acquérir une compréhension théorique
4 Préserver et transmettre le savoir

Ces quatre types d'action sont interdépendants : 1, 2 et 3 ne font pas de sens sans 4 ; 1 implique 3 ; 2 est une aide pour 1 et 3 ; 2 et 3 sont impossibles sans 4. Afin de pouvoir conduire l'élevage de façon satisfaisante, il faut toujours situer chaque action que vous entreprenez dans cette perspective globale.

Pour produire sur le long terme des insectes de qualité (c'est-à-dire dans la situation où vous prévoyez non pas un élevage ponctuel mais un élevage sur plusieurs années), il est indispensable d'utiliser des méthodes pour accomplir les *quatre* types d'action. Si vous accomplissez seulement certaines de ces actions avec méthode et si vous vous reposez sur votre intuition ou votre sentiment d'expérience pour les autres, votre connaissance du système de production sera d'une part limitée – c'est-à-dire que certains aspects du fonctionnement de l'élevage vous resteront inconnus – et d'autre part statique – c'est-à-dire que vous ne pourrez pas faire *évoluer* cette connaissance à volonté lorsque la situation l'exigera. Or des situations tels qu'un changement inattendu du cahier des charges, une restriction prompte des ressources ou une difficulté inédite sont inévitables. Cet état de la connaissance (état statique) rend impossible de maintenir l'objectif de production d'insectes de qualité sur le long terme.

Nous allons expliquer chaque type d'action et proposer à chaque fois un ensemble correspondant de méthodes et d'indication pratiques, qui sont à intégrer dans l'organisation du lieu de production.

Pour concevoir un nouvel élevage, suivez les principes et les indications des chapitres 1, 3 et 4. Avant de démarrer la production, ayez conscience des ressources que peuvent nécessiter les indications des chapitres 2 et 5.

4.1 Concevoir un système de production adéquat

Afin de produire des insectes de qualité constante, il est fondamental que vous vous demandiez si le système de production que vous concevez peut satisfaire les critères de production : c'est la question de « l'**adéquation** ». Cette question est la plus utile pour faire face aux points stratégiques. Pour y répondre, vous devez

- connaître la biologie in situ des insectes (sur le lieu de production)
- choisir les « **types d'élevage** » qui peuvent satisfaire la demande tout en respectant les contraintes économiques
- choisir des procédures d'élevage efficaces

4.1.1 Connaître les insectes in situ

La littérature est la source première d'informations pour connaître les caractéristiques biologiques de l'espèce à élever. Mais il existe des différences entre les souches d'insectes d'une même espèce. Donc ces informations sont à utiliser comme références pour situer les caractéristiques in situ de *vos* souches d'insectes. Pour mettre en place un élevage, les informations quantitatives (production de biomasse, taux de reproduction, taux de mortalité, durée de développement...) de la littérature peuvent être utilisées comme objectifs de production. Les informations à acquérir in situ sont :

- Les limites et les variations inhérentes de la vitalité des insectes. Donnez une définition précise (de préférence quantitative), pour les conditions d'élevage que vous établissez, des niveaux de vitalité excellent, bon et indésirable. Déterminez si les éléments qui composent le système de production permettent aux insectes d'exprimer leur comportement naturel (voir par exemple BOLLER 1972, et SINGH 1982), ou bien si le comportement est susceptible d'être restreint ou au contraire facilité.
- Le « **taux de mortalité opératoire** » inclut les conséquences létales et inévitables des techniques utilisées. Il doit être distingué

du taux de mortalité naturelle donné dans la littérature, qui est dû uniquement à la physiologie et au comportement de l'insecte dans la nature et dans des élevages de référence. Un mécanisme d'extraction peut par exemple tuer des insectes, ou un récipient d'élevage peut induire de la mortalité par la seule action d'ouverture ou de fermeture de celui-ci. Une procédure ou un équipement peut également tuer les insectes au hasard. Il peut être difficile de détecter un tel phénomène, mais il faut l'éviter, car c'est une cause de difficultés.

- Pour les espèces qui effectuent plusieurs stades larvaires, il est nécessaire de savoir si la durée du développement physiologique peut être influencée par la modification des facteurs continus (température, hygrométrie, quantité de nourriture...) ou si le développement physiologique doit s'accomplir dans un laps de temps spécifique. Il y a différentes raisons à cela : l'horloge interne des insectes qui doit être respectée, ou, dans le cas des élevages où les animaux vivent nombreux dans le même conteneur, les plus âgés peuvent avoir des interactions dépréciatives avec les moins âgés :
  - interaction directe : induction d'un stress ou cannibalisme ;
  - interaction indirecte : utilisation exclusive des ressources (eau, nourriture, espace).

Ces interactions dépréciatives doivent être évitées ou tout au moins être minimisées par des procédures appropriées (renouvellement rapide de la nourriture par exemple).

- S'il existe des valeurs standards, selon la littérature spécifique, de la vitalité des insectes pour le type d'élevage que vous choisissez, assurez-vous que la vitalité de vos insectes soit nettement en dessous des valeurs seuils. Par exemple, si, d'après la littérature spécifique, la mortalité inhérente est de 0 à 20 %, concevez votre élevage afin d'avoir de 0 à 15 % de mortalité opératoire. Ne vous contentez pas d'un élevage avec 15 à 20 % de mortalité. Sur le long terme, cela signifie que votre élevage aura parfois une mortalité supérieure à 20 %, induisant des échecs de production (baisse de qualité ou de délais de livraison), en raison de la variabilité inhérente de la vitalité des insectes, et parce que même de

petites difficultés suffiront pour augmenter le taux de mortalité de 15 à 21 %. Une marge de sécurité est nécessaire. Des exemples de telles considérations relevant d'une démarche de gestion de qualité peuvent être trouvées dans GRENIER et coll. 2003, LEPPLA et coll. 2002.
- Bien sûr, assurez-vous d'éviter la consanguinité, ce qui pourrait entraîner une diminution de la vitalité des insectes. Déterminez si l'élevage est éventuellement soumis à une dégénérescence sur le long terme à cause d'autres mécanismes.
- Identifiez la « **masse critique d'insectes** ». Ce terme important correspond à la quantité minimale d'insectes qui permet de :
  - maintenir la continuité de l'élevage sur plusieurs générations (en prenant en compte la mortalité naturelle et opératoire) ;
  - et d'augmenter à tout moment le nombre total d'insectes en vue d'augmenter la quantité de production !
- Identifiez le niveau de soins requis par chacun des stades de développement. Certains stades peuvent être très sensibles, par exemple la création de la pupe et du cocon.

4.1.2 Choisir les types d'élevage

Définition de « type d'élevage »

Les pensées et réflexions portant sur les critères quantitatifs de production (la quantité d'insectes productibles, leur homogénéité et le rythme de production) constituent un niveau d'analyse distinct. L'expression substantive de ce niveau d'analyse est le « type d'élevage ». Pour une espèce donnée, différents types d'élevage sont possibles. Nous expliquons ceci par le fait que dans les conditions d'élevage artificielles d'une entreprise de production, de nombreux aspects de la vie de l'insecte peuvent être contrôlés :

- Origine des insectes extraits
- Développement physiologique
- Quantité (densité) d'insectes dans les conteneurs
- Besoins des insectes
- Dépendance interspécifique
- Dynamique des populations

Selon l'aspect qui est contrôlé et selon la façon dont il est contrôlé, nous définissons les différents types d'élevage. *Pour chaque type d'élevage, la quantité d'insectes productibles, leur homogénéité et le rythme de production ont des limites théoriques*, généralement sous forme d'intervalles avec valeurs minimale et maximale. Ainsi pour des critères de production donnés, certains types d'élevage sont plus adéquats que d'autres.

Type d'élevage et technique d'élevage relèvent de deux niveaux différents d'analyse théorique :
Niveau « haut » : À un type d'élevage correspond un ensemble d'actions à réaliser, donc un ensemble de techniques à utiliser.
Niveau « bas » : Pour une réaliser une action, différentes techniques sont possibles. C'est à ce moment-là qu'entre en jeu la diversité et la spécificité des techniques présentées dans la littérature.

Par exemple, pour hydrater un insecte, plusieurs techniques sont possibles. La technique adéquate ne peut pas être dissociée du type d'élevage. Si on élève des insectes dans des cellules individuelles ou en masse, jeunes, âgés ou de tous âges mélangés, la technique doit être adaptée[5].

Avant d'aller plus loin dans les exemples, voyons la liste des types d'élevage les plus communs. Si vous démarrez un élevage, choisissez le type d'élevage qui semble le mieux adapté à vos critères de production et aux contraintes économiques. Veuillez noter les précisions suivantes :

- Parce que plus d'un aspect de la vie des insectes peut prévaloir pour les critères de production, les types d'élevage proposées ici ne sont pas exclusifs. Et la plupart des aspects ne s'excluent pas mutuellement. Ainsi, vos procédures peuvent légitimement englo-

---

5   On pourrait distinguer le « fond » de la « forme » d'une technique, le principe du matériel, la fin du moyen, mais ces distinctions binaires ne sont pas assez claires, et surtout elles ne permettent pas de classer les techniques. La classification des techniques selon le besoin (eau, nourriture, logis) qu'elles satisfont est certes possible, mais elle n'est que descriptive, tandis que la classification en type d'élevage inclut une visée, ce qui est très utile pour la production économique.

ber plusieurs types d'élevage.
- La liste n'est pas exhaustive. Nous vous invitons à la compléter si nécessaire. S'il existe d'autres façon de contrôler les aspects de la vie des insectes, et si d'autres aspects sont à prendre en considération, d'autres types d'élevage sont possibles.
- Cette terminologie basée sur les aspects *contrôlables* de la vie des insectes, et les termes utilisés pour désigner les types d'élevage, ne sont pas officiels : ils ne sont validés ni par la communauté scientifique, ni par les organisations de producteurs d'insectes, comme l'Organisation Internationale de Lutte Biologique (acronyme anglais IOBC) et l'Association Internationale des Producteurs de Biocontrôle (acronyme anglais IBMA).

Revenons une fois encore sur la nécessité d'introduire ces termes spécifiques : si vous utilisez des termes du langage ordinaire pour concevoir et décrire l'élevage, les aspects de la vie des insectes qui doivent être contrôlés afin de satisfaire aux critères de production paraissent intuitivement évidents. Et cette fausse évidence empêche d'envisager des types d'élevage alternatifs.

Liste des types d'élevage selon les aspects contrôlés :

Origine des insectes extraits

« Élevage souche et export » : L'élevage se fait avec deux catégories de conteneurs. Dans certains des conteneurs, un nombre constant d'insectes seront élevés. À partir de ces conteneurs souche, les insectes excédentaires (suite à la reproduction) sont transférés et élevés dans d'autres conteneurs. Après, lorsqu'ils satisfont aux critères de production, tous les insectes de ces conteneurs sont extraits et exportés : ils constituent la production proprement dite. Il y a plus de conteneurs d'export que de conteneurs souche. La fonction de ces derniers est de s'assurer que la vitalité et la capacité de reproduction des insectes sont maintenues : de par leur nombre limité, ils peuvent faire l'objet de plus d'attention, de procédures particulières et plus intensives. Ainsi, la capacité de reproduction des insectes et la régénération de l'élevage est sous contrôle étroit. Les conteneurs d'export doivent eux faire l'objet de procédures standardisées, car leur

nombre est important.
Le contraire d'un tel élevage est l'« **élevage complet** ». Il ne comporte qu'une seule catégorie de conteneurs. Les insectes sont partiellement extraits à partir de n'importe quel conteneur.
Indication pratique :
Il est important de choisir un type d'élevage qui assure un bon contrôle de la vitalité et du taux de reproduction des insectes. Pour produire de grandes quantités d'insectes, un élevage souche et export peut être plus adéquate. Pour de petites quantités, un élevage complet peut suffire. Un élément économiquement stratégique est ici en jeu : la gestion des risques. Dans un élevage souche et export, il y a séparation des risques : la séparation des risques sur le long terme pour la continuité (régénération) de l'élevage, des risques de la production à court terme. Dans un élevage complet, une erreur ou une difficulté affecte aussi bien les insectes prévus pour être exportés que les insectes devant assurer la régénération de l'élevage. Dans un élevage souche et export, comme vous prenez grand soin des conteneurs souche, une difficulté qui les affecterait est moins vraisemblable.

Développement physiologique

« **Élevage synchrone** »: les insectes sont séparés dans différents conteneurs selon leur âge ou leur stade de développement.
« **Élevage asynchrone** »: dans chaque conteneur sont présents des insectes de tous âges et stades. Dans ce cas, pour satisfaire les critères de production, les insectes seront extraits soit quand leur nombre atteint un certain seuil, soit quand tous les stades sont représentés.
Indication pratique :
Le temps de travail disponible est une ressource importante pour l'élevage d'insectes. Le choix judicieux d'un type d'élevage permet de mieux utiliser et gérer cette ressource. Prenons par exemple comme critères de production un stade larvaire spécifique, une demande irrégulière (et donc des dates de livraison irrégulières) et des quantités faibles. Dans ce cas un élevage asynchrone peut être plus judicieux qu'un élevage synchrone. En général, un élevage synchrone nécessite de la manutention continuelle (les insectes doivent être triés à la fin de chaque cycle de reproduction), tandis que les inter-

valles de manutention pour un élevage asynchrone peuvent être plus longs : il n'est pas nécessaire de trier les insectes, et le rythme de régénération des conteneurs est plus long que le cycle de vie des insectes. La procédure d'extraction sera conçue afin d'identifier et filtrer les insectes au stade désiré. Elle peut être compliquée, mais ce type d'élevage reste préférentiel si, entre les dates d'extraction, un temps de travail considérable est mis à disposition pour d'autres actions.

« **Élevage cycle** »: les insectes effectuent tous les stades de développement dans le même conteneur. Des procédures d'hygiène sont indispensables.

Le contraire est un « **élevage stade** »: les différents stades se déroulent dans des conteneurs différents. Des procédures de transfert sont nécessaires (typiquement quand l'insecte est sous forme de pupe) et elles requièrent une grande attention pour ne pas stresser ou blesser l'insecte en cours de transformation.

Quantité d'insectes produits

« **Élevage variable** »: La quantité d'insectes peut être à tout moment augmentée ou diminuée, c'est-à-dire que le taux de reproduction dépend seulement de la satisfaction des besoins des insectes : plus vous nourrissez et prenez soin de l'hygiène, plus vous avez d'insectes. La limite inférieure est la masse critique, la limite supérieure est la densité maximale autorisée par la biologie des insectes. Le nombre de conteneurs est variable. Si vous devez créer de multiples instances d'un même élevage, vous pouvez utiliser à des fins organisationnelles l'expression de « **ligne d'élevage** » (pour différencier la chambre d'élevage, la date de début, l'origine des insectes...)

« **Élevage fixe** »: La quantité d'insectes n'est pas variable. Ceci peut se produire si la biologie de l'insecte ou un critère de production oblige à utiliser de l'équipement très particulier (par exemple une machine pour trier les pupes selon leur couleur, une machine pour compter les insectes vivants, une machine pour mesurer la motilité des insectes). Cet équipement peut agir comme un facteur limitant : il traite une quantité fixe d'insectes par jour, ou bien il requiert des ressources considérables et donc vous ne pouvez l'utiliser que ponctuellement (vous atteignez les limites des ressources autorisées par les contraintes économiques). Autre exemple : la collecte manuelle des œufs, pour les transférer dans de nouveaux conteneurs, ou simplement le comptage des insectes, peuvent requérir un temps considérable et il faut alors volontairement limiter le nombre d'œufs ou d'insectes pour ne pas dépasser les capacités du personnel.

Besoins des insectes

« **élevage en pension complète** »: Nourriture, eau, substrat minéral et biologique, espace de vie, espèce hôte, sont fournis aux insectes par le personnel.

« **élevage en demi-pension** »: Seulement quelques-uns des besoins sont fournis par le personnel, les autres ont une origine naturelle. Par exemple, l'élevage des abeilles est de type demi-pension : les abeilles trouvent nourriture et eau par leurs propres moyens, l'apiculteur fournit un lieu adéquat de nidification.

Dépendance interspécifique – élevages couplés

« Élevage **cible** » : élevage de l'espèce qui est vendue.

« Élevage **de base** » : élevage d'une espèce qui est utilisée *par* l'espèce cible. On distingue deux sous-types :

« Élevage **nourricier** » : élevage d'une espèce servant de nourriture à l'espèce cible. Par exemple un élevage de pucerons pour un élevage de coccinelle[6].

« Élevage **hôte** » : élevage d'une espèce servant d'hôte à l'espèce cible. Indispensable pour un élevage cible de parasitoïdes par exemple.

Indications pratiques :

La cohésion quantitative et temporelle entre l'élevage cible et l'élevage de base est *indispensable*. Les deux élevages doivent fonctionner comme une unité. La quantité de nourriture et d'hôtes doivent être suffisantes au moment où l'espèce cible en a besoin. L'élevage cible ne peut pas être implémenté tant que l'élevage de base ne fonctionne pas correctement.

---

6   Élevage qui nécessite lui-même une culture de plantes hôtes (fèves), soit en tout trois niveaux biotiques, aux besoins différents. Si l'espace disponible est limité, la coexistence des différents niveaux est source de contraintes.

Il est évident que la quantité d'insectes de base à produire doit correspondre aux besoins de l'espèce cible. Inversement, lorsque l'élevage de base fonctionne bien, il faut veiller à ne pas élever d'insectes cibles juvéniles qui ne puissent être nourris ou recevoir d'hôte ! Ce surplus d'insecte doit être éliminé, sinon tous les insectes seront sous-alimentés ou leur comportement parasitique sera gêné. C'est gênant de devoir éliminer ces insectes, mais il faut le faire. La régénération de cet élevage serait sinon mise en danger et pourrait se solder par un effondrement (voir p. 35 Difficultés majeures).

Les différences temporelles entre les élevages ne peuvent pas être saisies de façon intuitive ; ceci requiert une planification précise :

1 Le calendrier de production de l'espèce base et le calendrier des besoins de l'espèce cible peuvent différer. Si la production de l'espèce base est cyclique, elle doit être coordonnée aux dates des besoins de l'espèce cible. Pour cela, des modèles diachroniques (voir p. 43 Modèle diachronique) des élevages sont nécessaires. Il est préférable de concevoir l'élevage de base de façon à permettre l'extraction continue des insectes (un type d'élevage asynchrone serait adéquat), afin de ne pas avoir à se soucier de la disponibilité de l'espèce base.

2 En général, les cycles de vie de l'espèce cible et de l'espèce base sont différents. Si le cycle de vie de l'espèce base est plus court que celui de l'espèce cible, des problèmes de régénération dans l'élevage de base peuvent n'avoir que des conséquences mineures, si les problèmes sont résolus rapidement. Si le cycle de vie de l'espèce base est plus long, des problèmes de régénération mettent immédiatement en danger la pérennité de l'élevage cible ! Dans cette situation d'élevage couplé, la priorité est donc la performance reproductive de l'espèce base.

Enfin, il faut éviter les contaminations de l'élevage de base par l'espèce cible, une évidence à ne pas oublier !

Dynamique de reproduction

« Élevage **libre** » : la performance reproductive des insectes n'est pas volontairement entravée. Les insectes se reproduisent de façon exponentielle dans l'élevage, comme ils le feraient dans la nature lorsque les conditions sont idéales.

« Élevage **goulot** » : le nombre d'insectes d'un certain stade est volontairement maintenu à un certain niveau. Le surplus d'insectes est éliminé. Ce type d'élevage peut être nécessaire si les procédures pour contrôler le comportement de reproduction et la qualité de la descendance requièrent des ressources considérables. En général, un surplus d'œuf est éliminé, afin d'avoir un nombre d'adultes contrôlable.

Indications pratiques supplémentaires

- Dans le cas d'un élevage variable, on peut dire que l'élevage est maîtrisé seulement si la quantité d'insectes produits peut être volontairement ajustée en changeant le niveau de certaines ressources. La relation de cause à effet doit être visible. Par exemple, augmenter ou diminuer la nourriture doit faire monter ou baisser la descendance. Plus subtil mais théoriquement correct : faire varier l'humidité d'un substrat doit avoir des conséquences sur la vitalité des insectes, donc sur la descendance. Si vous ne constatez pas cette relation de cause à effet, cela signifie que vous n'êtes pas assez *parcimonieux* : certains éléments du système sont superflus, ce qui empêche d'identifier les variables vitales. Si une difficulté survient dans une telle situation, en trouver la cause sera laborieux.
- Dans certaines situations, la qualité des insectes peut sembler limitée par les techniques utilisées et les ressources disponibles. Vous devriez passer à un niveau d'analyse supérieur : cherchez des types d'élevages alternatifs, ne restez pas au niveau des techniques.

4.1.3 Choisir des procédures d'élevage efficaces

Maintenant que vous avez identifié les types d'élevages adéquats aux critères de production et que vous connaissez vos insectes, vous devez choisir – ou concevoir – des procédures d'élevage « **efficaces** ».

Définition de « l'efficacité »

> *L'efficacité signifie faire la bonne action ;*
> *l'efficience signifie faire cette action avec soin.*

« L'**efficacité** » relève de l'analyse théorique : c'est le ratio entre d'un côté l'homogénéité et la fiabilité du résultat, et de l'autre côté la simplicité de mise en œuvre. Plus une action est simple, tout en ayant des résultats des plus fiables et des plus homogènes, plus elle est efficace. Considérons par exemple la décision d'utiliser des techniques pour prévenir l'apparition de moisissure dans les conteneurs d'élevage, en ajustant l'hygrométrie de l'air. Un mécanisme de ventilation individuelle avec flux d'air guidé des conteneurs peut être réalisé. Comme alternative, des ouvertures couvertes de gaze peuvent être faites dans les conteneurs, et un mécanisme de ventilation pour la salle d'élevage entière peut être installé. La première technique est efficace quand le nombre de conteneurs est réduit. La seconde technique est plus efficace pour un nombre élevé de conteneurs.

Il faut distinguer l'efficacité de « l'**efficience** ». L'efficience relève de l'action concrète : c'est le niveau de soin avec lequel l'action est réalisée[7]. Il dépend du niveau d'usure de l'équipement, du temps disponible, du personnel disponible et des compétences du personnel.

Une procédure efficace apporte deux avantages décisifs pour la fiabilité à long terme du système de production :

1 L'efficience peut être ajustée ;
2 Les variations du niveau d'efficience inhérentes à la technique employée, si elles sont connues et petites, n'ont pas de conséquences majeures sur la qualité de production.

Pour continuer l'exemple précédent, on dira qu'une extraction d'air de salle d'élevage à l'aide d'un moteur électrique est plus efficiente (car plus régulière) qu'une extraction assurée par une turbine extérieure mue par le vent.

Indications pratiques

Comme expliqué, il existe une grande diversité de procédures d'élevage, pour satisfaire à la diversité des insectes et des situations. **Une procédure efficace est le résultat d'une bonne analyse de la situa-**

---

7 Efficace : qui produit l'effet attendu. Efficience : capacité de rendement, performance. Larousse 2012.

tion et d'une touche de créativité : Il faut que la configuration de l'élevage soit en adéquation avec les obligations économiques *et* la biologie des insectes. Les indications suivantes sont des pistes de réflexion non exhaustives :

1 Pour tout type d'action (alimentation, soins de santé, contrôle de qualité ...), il y a deux catégories possibles de procédures. Pour chaque étape de production, vous devez identifier quelle catégorie est adéquate :

   1.1 « **procédure spécifique intensive** » : un insecte ou un petit groupe d'insectes est traité – ce qui signifie examiné individuellement et leurs besoins sont satisfaits individuellement de façon optimale.

   1.2 « **procédure standardisée** » : des conteneurs entiers sont traités. Il n'y a pas d'identification individuelle des insectes ou de groupes d'insectes dans le conteneur. Avant d'utiliser une telle procédure, il faut déterminer précisément les critères quantitatifs. Par exemple, la quantité quotidienne de nourriture pour un conteneur ou le volume d'eau pour réhumidifier le substrat dans un conteneur doivent être calculés et vérifiés, ou bien être obtenus par essai et erreur.

2 Identifiez les éléments du système de production qui sont contrôlables, puis identifiez comment ils le sont, c'est-à-dire identifiez de quelle façon ils sont ajustables :

   2.1 façon directe (par exemple le nombre d'adultes ou d'œufs dans un conteneur, qui peuvent être extraits par le personnel) ;

   2.2 indirecte (par exemple le rythme de développement des larves qui est ajustable par l'entremise du réglage de la température) ;

   2.3 à date ou heure fixe (par exemple l'extraction et le comptage de pupes) ;

   2.4 indépendamment de l'heure ou de la phase dans le cycle de développement de l'insecte.

3 Identifiez les liens entre les différents aspects des insectes. Par exemple : comment la vitalité est-elle liée à la densité ? Garder un haut de niveau de vitalité requiert-il plus de soins selon le stade

de développement, ou selon le sexe ratio ?

    3.1 Aspects continus : quantité, densité, biomasse, taille, niveau de vitalité ...

    3.2 Aspects discrets : stade de développement, sexe, apparence, comportement ...

4 Pensez à l'élevage comme un système à trois éléments {**variables, constantes, paramètres**}. Identifiez et catégorisez systématiquement in situ les variables principales et secondaires, les constantes et les paramètres. En général, les variables principales sont les caractéristiques des insectes telles que fixées dans les critères de production. Les besoins des insectes sont des variables secondaires. Les paramètres sont les conditions environnementales, ce qui inclut les conteneurs d'élevage eux-mêmes. Les constantes sont des éléments qui existent dans ou autour de votre système de production, mais n'interfèrent pas avec lui, ou sinon toujours avec le même niveau (par exemple le bruit ambiant d'une climatisation). Identifiez les paramètres variables que vous pouvez contrôler et ceux que vous ne pouvez pas contrôler. Assurez-vous de ne pas confondre un paramètre pour une constante et inversement.

4.2 Gérer les difficultés

4.2.1 Processus de gestion des difficultés

Dès qu'une difficulté survient, vous devez initier *systématiquement* un processus en trois étapes :

1 L'identification précise des paramètres de la difficulté : l'élément du système de production qui est affecté, les contraintes économiques, les conséquences de la difficulté.
2 La recherche de la cause de la difficulté.
3 La conception et l'application de la (des) solution(s).

Compte tenu de la diversité et de la spécificité des difficultés d'élevage d'insectes, gérer les difficultés est un effort des plus exigeants de l'activité de conduite.

4.2.2 Facteurs de causes

À moins que les insectes ne soient affectés par une maladie qui semble complètement indépendante des procédures d'élevage (en quel cas vous devez acquérir une nouvelle souche d'insectes), une difficulté survient en général lorsque

- du matériel est sous-dimensionné, mal conçu ou défectueux ;
- des erreurs sont commises par le personnel ;
- une procédure n'est pas adéquate à la biologie de l'insecte ;
- une procédure est peu efficace (son utilisation trop répétée ou son intensité trop élevée stresse ou blesse les insectes) ;
- un type d'élevage est inadéquate, et donc poussé à ses limites (les besoins des insectes sont tout juste satisfaits alors que les ressources allouées sont considérables) ;
- ou lorsqu'une combinaison de ces facteurs se produit.

4.2.3 Identifier les causes

Nous vous recommandons d'utiliser une méthode de base du travail scientifique : différencier **le symptôme de la cause**. Quand une difficulté survient, identifiez d'abord l'élément du système qui semble ne pas être « OK ». L'état de cet élément est le symptôme de la difficulté. Posez-vous les questions suivantes : Ai-je les connaissances et les outils appropriés pour l'identification de tels symptômes ? Y a-t-il un ou plusieurs symptômes ? Mortalité élevée, vitalité faible, taux de reproduction faible sont des symptômes fréquents. Ensuite identifiez la cause.

Simulation de difficulté

Vous trouvez des {insectes à l'extérieur des conteneurs d'élevage, dont quelques-uns morts} *le symptôme*. Les insectes ont de toute évidence réussi à passer par la fente du conteneur qui aurait été {mal fermé} *la cause*. Certains sont morts en raison de l'absence de nourriture à l'extérieur des conteneurs. Vous concevez un conteneur qui peut être {fermé de façon plus fiable} *la solution*.

Après quelque temps, vous trouvez beaucoup d'insectes morts à l'intérieur des conteneurs. Finalement, vous découvrez que la cause de la mort est la présence d'un champignon, dans le conteneur, qui est toxique pour les insectes. Les insectes tentent de s'en éloigner, mais meurent dans la boîte fermée de manière fiable, par contact avec le champignon et par stress.

Cette simulation montre que l'identification correcte de la cause dépend de l'identification correcte du symptôme. Symptôme et cause peuvent être évidents, ou bien être déclarés à tort comme évidents, rendant toute solution inefficace. La simulation illustre aussi qu'il est inutile d'appliquer une solution qui bloque l'expression du symptôme. Pour vous aider à identifier le symptôme et la cause, nous vous proposons des méthodes de travail scientifique additionnelles.

Identifier le theory-ladedness

L'expression theory-ladedness décrit le fait que les mots et les façons de penser sont indissociables d'une théorie, même lorsque la théorie n'est pas explicitement mentionnée. Ce sont les théories qui fixent l'usage et la limite d'usage des mots et des façons de penser. Donc la deuxième méthode scientifique préconisée consiste à **identifier la (les) théorie(s) qui sont « derrière » les mots et les façons de penser que *vous* utilisez**. L'objectif est de vous assurer que vous ne les utilisez pas hors de leur contexte ou bien que vous maîtrisez leur extrapolation. Ceci est décisif car votre façon de penser est un biais présent à chaque action :

- L'observation du système d'élevage : ses résultats dépendent des instruments d'observation et des procédures que vous utilisez, donc des instruments et procédures que vous choisissez d'utiliser préférentiellement à d'autres. Sur quoi vous basez-vous pour faire ces choix d'instruments ? Car les instruments et les procédures déterminent l'objet que vous pouvez observer, et plus précisément quels aspects de cet objet.
- L'identification du symptôme et de sa cause : elle dépend de votre capacité à poser là ou les bonnes questions. Et ceci dépend des connaissances et des théories à votre disposition (issues de la littérature spécifique et de l'expérience).

- La conception de la solution : si vous êtes confronté à une difficulté, c'est nécessairement parce que quelque chose s'est produit qui n'était pas dans le champ de vos connaissances. Ceci implique que la solution est aussi partiellement ou complètement inédite pour vous. Si vous pensez appliquer une solution qui est une combinaison de moyens et ressources déjà utilisées dans d'autres contextes, vous devez d'abord évaluer les différences de contexte. Si la solution est inédite, il peut être préférable de d'abord la tester avant de l'appliquer.

Ayez à l'esprit que l'efficacité des actions que vous entreprenez est de plus toujours subordonnée à la portée et à la précision des instruments et procédures de contrôle que vous devez utiliser pour vous assurer des effets de la mesure de correction.

Soyez réductionniste

Être réductionniste consiste à rechercher la plus petite échelle à laquelle vous pouvez agir. **Demandez-vous si vous pouvez diviser les phénomènes en sous-catégories.** Par exemple, le symptôme {insecte mort} peut être divisé en plusieurs sous-catégories : morts déshydratés, morts avec une couleur altérée, morts dans une situation inhabituelle (dans le substrat, dans les aliments). Dans la simulation, il y avait deux symptômes et non pas un : les insectes à l'extérieur des conteneurs d'élevage et les insectes morts. La plus petite échelle d'action efficace n'était pas d'empêcher la fuite des insectes, mais de prévenir le processus de mort (par exemple en éradication les champignons toxiques).

Soyez parcimonieux

La parcimonie est la tendance à la simplicité. « *Le nécessaire, et rien que le nécessaire !* » Mais ce n'est pas être simpliste : la parcimonie c'est « *simplicité, efficacité et élégance.* »
Essayez d'imaginer une explication de la difficulté qui contienne *peu* d'éléments ; **essayez de concevoir une mesure corrective qui nécessite *peu* de ressources.** Utilisez d'abord les faits à votre disposition puis augmentez progressivement le niveau d'abstraction. Par

exemple, si vous devez collecter dans les conteneurs d'élevage des insectes qui ont une taille particulière, vous pouvez utiliser un dispositif qui combine les fonctions de collecte et de filtrage. L'efficacité de cette action pourrait être encore accrue si elle était faite simultanément avec une procédure d'évaluation de la qualité.

Indication pratique : La parcimonie dans l'élevage d'insectes peut être atteinte avec brio si vous utilisez le comportement naturel des insectes afin de faciliter la production et l'extraction. Par exemple, n'hésitez pas à utiliser les comportements naturels de répulsion, d'attraction ou tout autre aspect remarquable de leur motilité afin d'extraire les insectes.

4.2.4 Catégories de solutions

Il est important de parvenir à une solution qui supprime la cause de la difficulté. Ceci peut nécessiter de :

- changer le type d'élevage ;
- changer une ou plusieurs procédures ;
- augmenter l'efficience de certaines procédures.

Dans certains cas, lorsque la difficulté n'a pas de conséquences majeures, il peut ne pas être possible d'influencer la cause de la difficulté, car les ressources nécessaires iraient au-delà de ce que les contraintes économiques permettent (par exemple l'impossibilité de réguler l'hygrométrie d'une très grande pièce). Donc vous devez contrôler, par les moyens donnés ci-dessus, l'expression du symptôme afin que celui-ci devienne une variable quantifiée et prévisible.

4.2.5 Dénouements possibles

Il est important de déterminer si la solution apportée à une difficulté est fiable sur le long terme, en quel cas on pourra dire que le processus de gestion de la difficulté fut bien mené. Les dénouements possibles sont :

1 La solution est destructrice et accroît les conséquences de la difficulté : cela signifie qu'il vous manque des connaissances considérables sur votre système de production.

2 La solution n'est pas adéquate à la cause (ou au symptôme dans le cas où la cause est identifiée mais hors de portée) : la difficulté demeure.
3 La solution est adéquate mais non tenable économiquement sur le long terme : vous devez trouver un type d'élevage plus adéquat ou des procédures plus efficaces.
4 La solution est adéquate et économiquement viable : vous pouvez assumer à nouveau vos responsabilités.

4.2.6 Difficultés majeures

L' « **effondrement d'élevage** » et l' « **échec récurrent aléatoire de production** » – c'est-à-dire l'alternance aléatoire de phases de production satisfaisante avec des phases d'échec de production – sont les difficultés majeures de l'élevage d'insectes. Si leur cause ne peut pas être trouvée par des considérations d'efficience, elles sont le signe qu'il vous manque des connaissances essentielles de la biologie des insectes et / ou des effets des procédures et de l'équipement que vous utilisez.

Un élevage est dit effondré lorsque vous n'avez plus d'insectes : ils sont morts, moribonds, échappés ou contaminés d'une façon qui les rende inutilisables. Par conséquent, vous devez trouver de nouveaux insectes juvéniles pour redémarrer l'élevage. Ceci nécessite des ressources considérables car en plus le processus de gestion des difficultés doit être initié. L'effondrement peut se produire d'un coup si vous avez « oublié » un paramètre variable (cf. la simulation d'élevage). Mais il peut également se produire progressivement – selon une progression exponentielle négative :

1 Dans un premier temps le nombre de jeunes diminue, en raison de l'élément dépréciatif influant sur les adultes ou les œufs et les stades larvaires.
2 Ceci entraîne la diminution du nombre d'adultes,
3 qui à leur tour ont moins de descendance, en raison de leur nombre réduit et de l'élément dépréciatif[8].

---

8 La multiplication des insectes, dans un élevage fonctionnant bien, suit au contraire une courbe exponentielle positive.

Dans ce cas, il est important d'engager le processus de gestion des difficultés avant que le nombre d'insectes ne chute en dessous de la masse critique.

Dans le cas d'élevages complexes avec plusieurs niveaux biotiques (par exemple avec des sols vivants et des plantes pour substrats, ainsi qu'avec des espèces hôtes), d'importantes connaissances biologiques et écologiques sont nécessaires. La quantité de paramètres est considérable, et certains, avec des variations irrégulières, peuvent passer inaperçus et générer les échecs de production récurrents aléatoires. **De par notre expérience, il n'est pas évident de reconnaître comme telle et d'admettre une telle situation.** Au contraire : une conduite intuitive et le manque de termes spécifiques gênent l'identification d'une telle situation (relire p. 10 Terminologie de l'élevage d'insectes). De plus, à cause du caractère aléatoire de la situation, les raisons qui pourraient justifier d'engager le processus de gestion des difficultés n'existent pas. Il n'existe pas *une* méthode pour prévenir ce genre de difficulté implacable et ceci est une des raisons d'être de cet ouvrage : c'est en vous inspirant de l'*ensemble* des explications et indications pratiques données ici, issues de différentes perspectives, que vous pourrez prévenir ce genre de difficulté.

4.2.7 Enjeux sanitaires

En comparaison avec les animaux d'élevages communs, il n'est pas facilement possible d'aller dans le détail de la santé des insectes : nous ne pouvons pas vérifier leur système trachéal, leur fonction digestive, leur ingestion de nourriture, leur poids individuel, leur temps de réaction comme nous le ferions avec les bovins par exemple, à moins que l'élevage comporte très peu d'insectes. Donc comme l'examen et le traitement individuels des insectes n'est pas en général possible, **la population d'un conteneur d'élevage est l'unité sanitaire de base**. Cette unité ne peut prendre que trois valeurs : les insectes sont soit en bonne santé, soit malades, soit montrent un comportement altéré.

La façon la plus simple de prévenir et de traiter des conteneurs affectés est de considérer que la maladie est le symptôme, et non la cause, d'une difficulté. En général, l'occurrence d'une maladie est favorisée lorsque l'expression du comportement naturel de l'insecte est restreinte. Si c'est le cas, l'adéquation du système de production doit être réexaminée. Il faut bien sûr veiller à l'hygiène : que les excréments ne s'accumulent pas, qu'il n'y ait pas de condensation sur les parois des conteneurs, que les insectes morts soient évacués rapidement, que la nourriture ne moisisse pas, que la ventilation soit suffisante. L'hygiène dans la pièce même où sont disposés les conteneurs est importante : propreté du sol, des murs, qualité de l'air.

4.2.8 Atmosphère de travail : gestion du personnel

L'élevage d'insectes est une activité compliquée, en raison de la grande quantité de paramètres, de la diversité des types d'élevages, des procédures et des contraintes économiques. Il est donc possible de ne pas parvenir à identifier si un échec de production est dû à :

- une exceptionnelle variabilité naturelle de l'insecte ou d'un autre composant biologique de l'élevage ;
- l'inadéquation du système de production ;
- un élément extérieur qui interfère avec le système de production ;
- des erreurs commises par le personnel.

Or pour le personnel il est important de savoir quand un échec de production est imputable à ses erreurs. Les erreurs et les compétences de travail relèvent des considérations d'efficience. Vous devez donc correctement déterminer si un échec de production est imputable à l'inefficience ou à l'inadéquation du système de production, **car l'inadéquation du système de production ne peut pas être compensée par des compétences de travail élevées.** Vous devez donc parler avec le personnel des causes possibles de difficulté, ainsi que des éléments du système de production qui peuvent facilement faillir et requièrent beaucoup d'attention.

Vous devez porter une attention particulière à la gestion du personnel en cas d'échec de production récurrent. En plus des conséquences économiques négatives, cette situation peut engendrer des conséquences à long terme négatives sur l'enthousiasme de travail de votre personnel : si vous décidez de reconduire, sans modification, un projet d'élevage dont la qualité de production est imprévisible, le personnel sera à nouveau confronté au fait de ne pas savoir s'il commet des erreurs ou non. Reconduire autoritairement, sans dialogue, un tel projet plusieurs fois, parce que vous pensez qu'il peut ne pas fonctionner à la première fois, mais à la deuxième ou troisième fois, amènera le personnel à

- douter de la qualité de ses compétences (et donc vous ne serez plus en mesure du tout de prévoir la qualité de production) ;
- perdre l'enthousiasme à améliorer continuellement le système de production, car son travail ne produit qu'une qualité aléatoire (imprévisible) ;
- sentir que son effort de travail est dévalorisé ;
- perdre confiance dans votre capacité en tant que conducteur d'élevage.

L'atmosphère de travail sera sérieusement dégradée ! Et repousser ou ne pas engager le processus de gestion de difficulté engendre les mêmes conséquences.

Indications pratiques : Le personnel qui assure la maintenance continue de l'élevage doit être familiarisé avec les procédures d'extraction finale des insectes. Le personnel doit voir si son travail permet in fine d'extraire des insectes de haute qualité. En règle générale, le personnel doit connaître les liens entre toutes les étapes de productions. Ceci encourage l'application soignée des procédures. Si le personnel ne connaît pas ces liens, il ne pourra pas vous aider à trouver la cause d'une difficulté importante.

4.2.9 Indications pratiques supplémentaires

Adéquation du type d'élevage :

Si vous avez des difficultés avec un système de production déjà en place, cela peut signifier que vous ne vous focalisez pas sur les bons aspects de la vie des insectes. En comparant votre élevage à la liste des types d'élevage proposée, vous pouvez déterminer quels sont les aspects de la vie des insectes qui sont réellement contrôlés par vos procédures.

Efficacité des procédures :

- Cherchez à savoir si certains paramètres présentent des variations temporelles. Ces variations peuvent-elles avoir une influence sur les insectes, sur leurs besoins (nourriture, eau, substrat) et sur le matériel d'élevage (conteneurs et des outils)? Par exemple, une humidité de l'air élevée pendant la phase nocturne peut corrompre la nourriture ou favoriser le développement de bactéries et de champignons. Si les variations sont cycliques, cherchez à savoir si leurs effets peuvent s'accumuler et donc générer des phénomènes inattendus sur le moyen et sur le long terme.
- Si vous faites face à des difficultés récurrentes à cause de problèmes d'efficience, vous devez envisager des procédures plus efficaces ou des types d'élevage plus adéquats. De même qu'il y a une limite à l'efficacité de toute technique, il y une limite à l'efficience : vous ne pouvez pas exiger de votre personnel qu'il fasse des miracles et qu'il lui pousse des doigts de fée ! Ponctuellement, un geste technique talentueux, impressionnant, peut sauver la situation, mais sur le long terme il ne faut pas compter dessus.
- Cherchez avec l'aide de la littérature quels sont les aspects de l'élevage qui peuvent être hors de votre portée de vos moyens d'observation et de contrôle. Peuvent-ils causer des difficultés, de façon continue ou sporadique ?

4.3 Résumé des chapitres précédents

Pour concevoir un élevage adéquat au cahier des charges et pour gérer les difficultés, quatre niveaux d'analyse sont nécessaires :

1. Est-ce une question de type d'élevage ? Le type d'élevage est-il adéquat ?
2. Est-ce une question de biologie des insectes ? Est-ce que j'ai assez de connaissances théoriques et in situ des insectes ?
3. Est-ce une question de procédure ? Les procédures sont-elles efficaces ?
4. Est-ce une question d'efficience ? Comment les procédures sont-elles appliquées ?

Assurez-vous de connaître des types d'élevage et des procédures alternatives : c'est votre marge de sécurité pour assumer vos responsabilités.

4.4 Acquérir une compréhension théorique

4.4.1 Définition et utilité

La compréhension théorique nécessite de connaître les *propriétés* et les *interactions* des éléments qui composent le système de production. Pour l'élevage d'insectes, cela signifie :

1. Connaître les insectes. Les théories sous-jacentes à la biologie des insectes (physiologie, écologie, éthologie...) qui se trouvent dans la littérature et les caractéristiques in situ des insectes doivent être combinées ;
2. Connaître les spécifications d'utilisation et les théories sous-jacentes aux techniques et à l'équipement que vous utilisez ;
3. Connaître la configuration précise de l'élevage, grâce à des modèles de l'élevage (nous expliquerons cela plus loin) ;
4. Connaître la qualité de la production, grâce à une documentation adéquate.

Toutes ces connaissances doivent être utilisées afin :

- D'identifier comment chaque procédure d'élevage influence la qualité finale de production. Vous pouvez alors concevoir les procédures de contrôle de la qualité des insectes à la suite de chaque procédure d'élevage ou à la suite d'un ensemble de procédures, afin de prévenir toute baisse de qualité lors de l'extraction finale[9].
- De déterminer les variations inhérentes de la qualité de production (variations attendues de la mortalité naturelle de l'insecte et de la mortalité inhérente au système de production), et de différencier ces variations de celles inattendues, qui sont signes de difficultés. Quand vous connaissez l'intervalle de qualité, et de quantité, de votre système de production, vous pouvez décider si un nouveau cahier des charges implique d'adapter la quantité de

---

9 Une procédure d'observation et de contrôle consiste en : la partie de l'élevage qui doit être observée, la date et l'heure de l'observation, la méthode d'observation et les critères qui doivent être remplis. Si la qualité diffère de la prévision, une mesure de correction doit être appliquée. Penser la qualité, c'est prévoir la mesure de correction.

ressources ou de changer de procédures ou de type d'élevage.

Les deux premiers types de connaissances (1 connaître les insectes, 2 les spécifications d'utilisation et les théories sous-jacentes) sont évidents et indispensables pour tout projet sérieux d'élevage. Mais l'on peut objecter que les deux derniers types sont optionnels : un élevage peut fonctionner de façon satisfaisante sur la seule base de l'expérience pratique (appelée aussi compréhension empirique). Nous répondons que cet élevage a dû nécessiter une longue période d'évolution par essai et erreur, une situation qui en général n'est pas économiquement avantageuse. On peut aussi objecter que pour un tel élevage, il est quand même possible de prédire la qualité de la production en fonction de la nature et de la quantité des ressources engagées. Nous répondons, en accord avec DEMING, que c'est la connaissance de l'intervalle de variation inhérente de la qualité (due à la variabilité naturelle des insectes et aux variations inévitables liées au type d'élevage, aux caractéristiques de la procédure et à l'efficience de l'équipement) qui procure un avantage économique : elle facilite l'identification des difficultés et l'adaptation de l'élevage à des changements de contraintes économiques ou de critères de production.

Voici donc maintenant des méthodes pour modéliser la configuration de l'élevage, pour documenter la qualité des insectes produits, et pour identifier l'intervalle de variations inhérentes d'un élevage.

4.4.2 Modèles de la configuration de l'élevage

Modèle synchrone

Pour ce type de modèle, la qualité de production est vue comme une fonction de la quantité de ressources : un modèle synchrone est la *liste* des ressources nécessaires pour obtenir une production satisfaisante.

Indiquez les critères de production. Pour chaque ressource, indiquez le type (discrète ou continue), la quantité ou la valeur, l'intervalle de disponibilité, si c'est un facteur limitant, le prix. Par exemple, un substrat minéral peut être disponible en grande quantité, à cause de son prix, et tout le temps. Mais la disponibilité d'un substrat végétal peut être restreinte à certains mois de l'année.

Exemple de modèle synchrone :

Projet d'élevage :						
Critères de production :	ex. : n grammes d'insectes au stade de développement d, à livrer tous les deux mois					
Désignation de la ressource	Type		Quantité / valeur	Dispo-nibilité	Facteur limitant	Prix par unité
	Continue	Discrète				
					Oui / non	

Indications pratiques : Il est de votre responsabilité de pouvoir de prédire la qualité des insectes en fonction des ressources engagées. Bien sûr, cette corrélation ne peut être connue qu'après une expérience in situ positive et si la qualité est correctement documentée (voir plus bas). Grâce à ce modèle simple ci-dessus, vous pouvez prévoir :

- la quantité de ressources qui seront nécessaires pour l'année suivante si les critères de production demeurent inchangés, et la quantité de ressources qui doivent être ajoutées ou supprimées si la production doit être augmentée ou diminuée ;
- inversement, la qualité de production si les ressources devaient être augmentées ou diminuées ;
- le niveau de la qualité si les ressources sont affectées : baisse soudaine de l'efficience de certains équipements, délais de disponibilité de la nourriture...

Avoir un bon modèle synchrone de l'élevage devrait se traduire, à l'inverse, par la capacité à ajuster la qualité. Si vous ne pouvez pas contrôler la réduction de la qualité en réduisant volontairement certaines ressources, cela peut signifier que :

- Certains paramètres, qui pensez-vous influencent la vitalité des insectes, n'interfèrent pas avec elle, ou seulement au-dessus ou en dessous d'un certain seuil (qui doit être identifié) ;

- Certaines des actions décrites dans les procédures ont un effet positif mais indirect sur les insectes, et non pas direct comme vous le pensiez. Par exemple, peut-être que ce n'est pas la quantité d'une ressource qui est efficace, mais sa nature (la nature du substrat au lieu de la quantité de substrat).

Vous pouvez juger inutile de faire ce test ou d'améliorer l'élevage s'il fonctionne bien. Cependant, il faut être conscient des limites à votre connaissance de l'élevage, dans le cas où vous devriez adapter l'élevage à de nouvelles contraintes économiques ou de nouveaux critères de production.

Modèle diachronique

Pour ce type de modèle, la qualité est vue comme le résultat de la succession correcte des procédures d'élevage. C'est une ligne de temps sur laquelle sont indiqués :
- la date de début et de fin du projet d'élevage ;
- les stades physiologiques des insectes ;
- la date des procédures d'élevage : maintenance quotidienne, soins particuliers, contrôles de qualité, extraction… ;
- les dates de livraison ;
- dans le cas d'élevages cible et base, toute corrélation entre les élevages (date de disponibilité des insectes base).

Ce modèle temporel linéaire vous permet :
- de connaître et communiquer la date de livraison de la production ;
- d'identifier les éventuels chevauchements de procédures ;
- de visualiser les étapes de production qui sont les plus liées à des risques d'échec de production. Le risque d'échec est élevé lorsque par exemple :
  - certains aspects de la biologie des insectes nécessitent des conditions très spécifiques qui peuvent être difficiles à reproduire en milieu artificiel (par exemple des conditions environnementales qui garantissent une croissance régulière des larves ou un substrat qui permet une émergence homogène) ;

- une grande quantité de ressources ou un haut niveau d'efficience sont nécessaires (par exemple une procédure avec de l'équipement sensible et manipulable seulement par du personnel très compétent) ;
- d'identifier les phases de haute et de basse charge de travail. Ceci est utile pour planifier la répartition des ressources, en particulier si vous conduisez plusieurs élevages.

La liste noire

L'objectif de cette liste optionnelle est d'avoir une image claire des limites à votre connaissance de l'élevage. Indiquez tout élément de l'élevage (biologie de l'insecte, procédure, environnement) qui

- est au-delà de vos moyens d'observation mais pourrait influencer l'élevage ;
- est au-delà de vos moyens d'intervention mais pourrait influencer l'élevage ;
- doit être amélioré ;
- peut être amélioré pour des objectifs à long terme (si un jour du temps est disponible, faire des tests).

4.4.3 Documentation de la qualité de production

Journal de production

La production quotidienne est documentée dans ce journal. Les données peuvent être organisées en trois colonnes : la date, la production réalisée ; un commentaire éventuel sur la configuration de l'élevage.

Diagramme de production

C'est la représentation graphique de la qualité de production en fonction de la date. Les données du journal de production sont utilisées. L'intervalle de variation inhérent au système de production est indiqué par deux limites inférieure et supérieure. Une introduction sur la façon de déterminer correctement cet intervalle est donnée dans DEMING 1982.

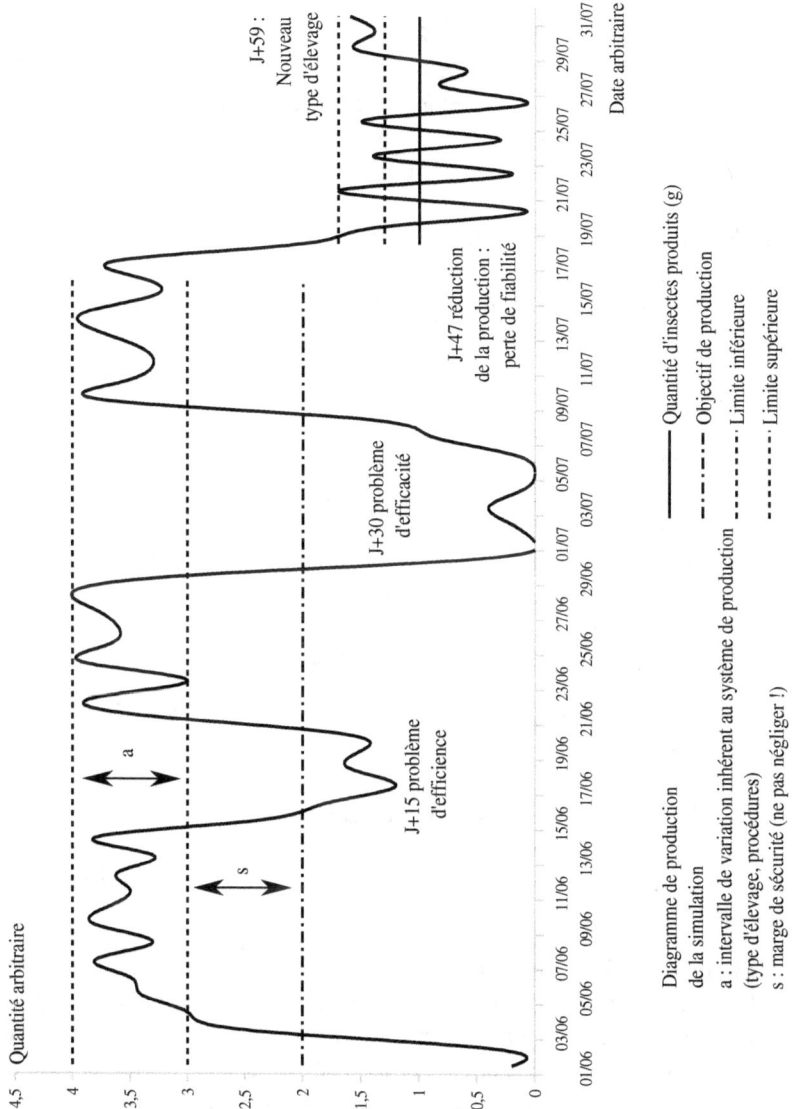

L'utilité de ce diagramme est de visualiser clairement l'évolution de la qualité de la production et d'identifier les variations anormales, qui sont signes de difficulté.

Indication pratique : Il est difficile de déterminer si une diminution de production faible mais constante, tout en restant dans l'intervalle de variation inhérent au système de production, est le signe de dysfonctionnements. C'est plus vraisemblablement une question d'efficience, qu'il faudrait vérifier en premier.

4.5 Préserver et transmettre le savoir

De par la diversité des insectes, des contraintes économiques et de par la spécificité des techniques, le savoir acquis lors de chaque nouvelle expérience peut difficilement être utilisé tel quel dans des situations différentes. Mais il importe de ne pas perdre ce savoir, car :

- il est une preuve de l'effort de travail mis dans l'élevage ;
- il aide à identifier des difficultés connues et donc à appliquer plus rapidement une solution ;
- il aide à identifier, par exclusion, les situations nouvelles ;
- il montre jusqu'à quel point une situation nouvelle peut requérir d'effort de travail ;
- et il stimule la créativité, de par sa diversité.

Ce savoir doit être transmissible et transmis aux nouveaux membres du personnel.

4.5.1 Situations d'acquisition d'expérience

Les types de situations suivantes sont ce j'appelle des sources d'expérience :

- La mise en place de l'élevage ;
- La maintenance continue de l'élevage, au cours de laquelle le personnel utilise (et améliore constamment) ses compétences d'observation et de manipulation. La multiplicité des occasions de faire des observations et des évaluations de la qualité peut révéler un détail fortuit mais important, selon l'expression « le diable se cache dans les détails » ;
- La gestion de difficultés ;

- L'adaptation de l'élevage à de nouvelles contraintes économiques ou de nouveaux critères de production ;
- Des tests continus ou ponctuels afin d'acquérir des connaissances que vous savez pertinentes sur le long terme, même si vous n'êtes pas présentement confronté à des difficultés.

4.5.2 Documentation de l'expérience

Nous vous proposons deux méthodes pour documenter l'expérience acquise au travers de ces situations :

Journal d'expérience

Il s'agit de la documentation chronologique de toutes les expériences faites depuis la mise en place de l'élevage. Nous le distinguons de l'« **histoire de l'élevage** », qui est la succession des évolutions apportées à l'élevage (choix de nouvelles techniques, augmentation de l'efficience, adaptation à un nouveau cahier des charges...) Le journal doit être facile d'accès et d'utilisation afin de pouvoir être complété après chaque nouvelle expérience, et il doit être conçu afin de permettre des recherches efficaces. Ce journal peut prendre la forme d'une base de données informatiques. Chaque entrée doit être composée de plusieurs champs afin de permettre des comparaisons pertinentes entre les expériences :

- Date de début – date de fin de l'expérience ;
- Conséquence(s) sur la production ;
- Critères de production au moment de l'expérience ;
- Type de situation ;
- Description de l'expérience et du savoir acquis. Si par exemple, la connaissance a été acquise en traitant une difficulté, indiquez le symptôme, la cause, l'aspect de l'élevage concerné, la solution et la façon de penser qui fût utile pour résoudre la difficulté ;
- Indiquez à quel(s) niveau(x) d'analyse est liée l'expérience ;
- Degré d'importance (voir plus bas) de l'expérience pour améliorer le système ;
- Quantité de ressources utilisées durant l'expérience ;

- Modifications postérieures : laissez une dernière colonne vide. Elle sera utilisée à l'avenir pour indiquer si ce savoir aura été modifié ou abandonné.

Pensez, en le concevant, que ce journal pourra être consultés plusieurs années après les faits, pour retrouver un savoir entre-temps perdu.

Diagramme d'expérience

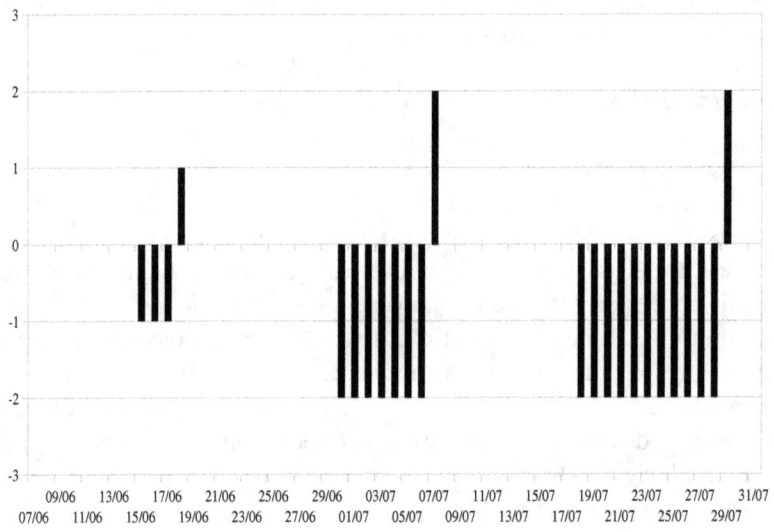

C'est la représentation graphique du degré d'importance des expériences documentées dans le journal. Son utilité est de représenter les phases de stabilité, de développement et de difficulté dans l'histoire de l'élevage. La valeur du degré d'importance est fixée arbitrairement :

Expérience	Degré d'importance
Mise en œuvre d'une nouvelle procédure d'élevage, plus efficace	+2
Amélioration de l'efficience d'une procédure existante	+1
Échec mineur de production	-1
Échec majeur de production	-2
Absence de nouvelle expérience	0

Indications pratiques :
En général, le savoir essentiel lié à l'adéquation est acquis durant les premiers mois de production. Au cours des mois suivants, si les critères de production ne changent pas, les seules formes d'expérience sont des améliorations d'efficience. Mais après plusieurs mois, du savoir essentiel peut encore être acquis au fur et à mesure qu'il devient possible d'évaluer les variables à long terme. Dans la simulation d'élevage, on peut voir que le temps nécessaire pour faire face aux difficultés varie, et que la récupération d'un effondrement était plus facile que d'adapter l'élevage à de nouveaux critères de production.

Une situation d'échec de production récurrent aléatoire est représentée par une série d'expériences négatives non suivies d'une expérience positive : la difficulté survient et disparaît sans cause identifiable.

Un diagramme montrant des successions rapides d'expériences +1, ou alternativement d'expériences +2 et +1, alors que les contraintes économiques restent inchangées, n'est pas satisfaisant. Cela signifie vraisemblablement que vous manquez de méthodologie pour amener des connaissances nouvelles dans l'élevage : vous ne collectez pas suffisamment de connaissances adéquates et / ou précises sur la biologie des insectes ou sur les techniques, et / ou vous avez un effort d'observation trop faible.

Comparer les diagrammes d'expérience de différents élevages peut être instructif : cela peut vous aider à identifier les raisons pour lesquelles certains élevages étaient plus faciles à mettre en place ou à maintenir que d'autres.

4.5.3 Gérer le savoir

Définition du savoir

Faire face aux situations listées précédemment devrait vous apporter les connaissances suivantes :

- Ce qui fonctionne à l'heure actuelle : la configuration de l'élevage qui vous permet d'assumer vos responsabilités ;
- Besoin en ressources, observation et contrôle de tous les éléments de l'élevage ;
- Les étapes de production avec peu de risques d'échec et celles avec beaucoup de risque d'échec ;
- Les procédures faciles à appliquer et celle requérant des compétences affirmées ;
- Les éléments du système de production qui sont modifiables, et ceux qui ne le sont pas ;
- Ce qui pourrait encore être amélioré en fonction de l'état actuel des connaissances.

Trois catégories de connaissances

À un moment donné dans l'histoire de l'élevage, compte tenu du type et de la quantité d'expérience que vous et votre personnel avez acquise, les connaissances à votre disposition peuvent être classées en trois catégories :

- **Savoir positif actif** : ce sont les connaissances avec lesquelles vous améliorez l'élevage, afin d'obtenir et de maintenir une production de qualité haute et constante.
- **Savoir positif inactif** : ce sont les connaissances qui *furent* utiles autrefois, mais ne le sont plus présentement, car les critères de production ou les contraintes économiques ont changé, ou parce que vous avez trouvé des procédures ou des types d'élevage plus adéquats.
- **Savoir négatif** : il s'agit des façons de penser, des procédures, des éléments et des combinaisons d'éléments de l'élevage que vous avez identifiés être la cause de difficultés, et qu'il convient

donc de ne pas utiliser.

Le journal d'expérience contient tous ces savoirs.

Préservation et transmission des connaissances

Les contraintes économiques vous poussent à mettre l'accent sur l'actualisation des procédures d'élevage grâce aux connaissances qui améliore l'efficacité et l'efficience – le savoir positif actif. Une question légitime se pose : est-il nécessaire de préserver le savoir positif inactif et le savoir négatif ? Nous répondons par l'affirmative. Les procédures d'élevage doivent être précises et concises afin d'être facilement comprises, et exécutées de façon fiable. Par conséquent, elles ne sont pas le bon medium pour expliquer en détail ce qui peut ou va aller mal si elles ne sont pas suivies scrupuleusement. Cette explication requiert de présenter la somme du savoir positif inactif et négatif, qui doit donc être préservé. Bien souvent, ce savoir est présent uniquement dans la mémoire du personnel en place, qui le transmet aux nouveaux employés. Or inévitablement, les détails se perdent et les enjeux s'oublient. Dit autrement, il ne faut pas se contenter de savoir que telle technique a telle conséquence et que c'est pour cela qu'on l'utilise. Il faut enseigner au personnel que des techniques pourtant similaires peuvent avoir des conséquences très différentes. C'est ce recul qui fait la différence entre l'éleveur débutant et l'éleveur expérimenté.

Une entreprise de production d'insectes peut perdurer de nombreuses années, et les critères de production vont très certainement varier et le personnel va très certainement se renouveler. Il y a donc un risque que les savoirs positifs inactifs et négatifs soient perdus et oubliés. Afin d'éviter cela, vous devez vous assurer que les connaissances issues de l'expérience in situ sont accessibles pour vous, votre représentant, votre successeur, votre personnel présent et à venir. Il faut donc que le journal d'expérience soit intégré à l'organisation à long terme de l'entreprise en tant qu'activité « EKM » de gestion de l'expérience et du savoir (en anglais « **Experience and Knowledge Management (EKM) activity** »).

5 CONCLUSION

5.1 Les tenants et les aboutissants de l'élevage d'insectes

Passer avec succès les quatre points économiquement stratégiques de l'élevage professionnel d'insectes sont les aboutissants, c'est-à-dire les *conséquences* du travail bien fait :

1. La phase de mise en place de l'élevage : guidée (avec un calendrier des objectifs et une documentation – prise de notes – systématique) et non erratique (ne pas tester les techniques au hasard).
2. La maintenance continue de l'élevage : fiable, et les ressources nécessaires sont connues et chiffrées.
3. L'évaluation et l'ajustement de la qualité des insectes : possibles à toutes les étapes d'élevage.
4. L'adaptation de l'élevage aux fluctuations des contraintes économiques et aux changements des critères de production : anticipée, possible et rapide.

Quels sont les tenants, c'est-à-dire qu'est-ce qui doit être à la *disposition* de l'éleveur ? Tout enjeu économique par ailleurs, les tenants sont ceux-ci :

1. Disposer de connaissances issues de la **littérature spécifique** sur la biologie de l'insecte et sur les techniques d'élevage ;
2. Disposer de connaissances acquises par l'**expérience in situ** avec les insectes et les techniques (chapitre 4.4) ;
3. Avoir la capacité de **décider du type d'élevage et des techniques d'élevage en fonction de la situation** : construire un élevage adéquat aux critères de production en utilisant les ressources de façon optimale, et gérer les difficultés (chapitres 4.1, 4.2 et 4.3) ;
4. Avoir la capacité d'**évaluer objectivement** la qualité de la production ainsi que le savoir mis dans l'élevage (chapitre 4.4) ;
5. Avoir la capacité de **construire et transmettre le savoir-faire** (chapitre 4.5).

Rappelons la méthode de conduite, constituée des quatre problématiques :

1 Concevoir un système de production adéquat au cahier des charges ;
2 Gérer les difficultés ;
3 Acquérir une compréhension théorique ;
4 Préserver et transmettre le savoir acquis.

Concrètement, la méthode aide l'éleveur à passer des tenants aux aboutissants. C'est aussi simple que cela, et tout l'enjeu de ce livre était pour moi de parvenir à concevoir une terminologie qui éclaire aussi précisément que possible tous les aspects de cette activité si originale qu'est l'élevage d'insectes.

5.2 Élevage professionnel versus élevage de loisir

La dernière utilité sociale de l'élevage d'insectes est la découverte et l'admiration des insectes. En montant et maintenant un petit élevage d'insectes chez soi ou dans un local associatif, on complète l'expérience naturaliste, acquise sur le terrain par l'observation et les captures d'insectes. La beauté et la diversité des apparences et des comportements des insectes sont remarquables et sont la motivation de nombreux éleveurs amateurs.

Les objectifs de l'éleveur amateur ne sont pas ceux de l'éleveur professionnel. Avec l'introduction des notions de points stratégiques, de méthode de conduite et de tenants, il est facile de clarifier la différence entre ces deux types de production d'insectes.

La différence ne réside pas seulement dans la quantité et la qualité des connaissances disponibles sur la biologie de l'insecte (à partir de la littérature spécifique et de l'expérience) et sur les techniques d'élevage. Elle ne réside pas non plus seulement dans la quantité de ressources disponibles. Elle réside fondamentalement dans l'absence de méthodes systématiques en particulier pour faire face aux difficultés et créer du savoir-faire. L'éleveur amateur est limité à une acquisition progressive du savoir, par essais et erreurs. L'absence de compréhension théorique ne lui permet pas d'aller au-delà de la spécificité du savoir acquis suite à certaines expériences. Le diagramme d'expérience d'un élevage amateur présenterait des pics réguliers et récurrents d'acquisition de connaissances importantes longtemps en-

core après le début de l'élevage. Une production de qualité constante n'est pas nécessairement un objectif pour l'éleveur amateur, donc cette situation n'est pas nécessairement ennuyeuse.
Inversement, l'éleveur professionnel ne doit pas dénier l'intérêt personnel pour les insectes : leur diversité est intellectuellement stimulante ; la motivation pour apprendre la biologie des insectes est nécessaire pour faire face aux points stratégiques, et elle est indispensable pour faire face aux difficultés. Au contraire de l'activité naturaliste (recensement des insectes dans la nature), l'éleveur a cette chance de pouvoir côtoyer tous les stades de vie des insectes. Combinés, élevage et observations naturalistes permettent une connaissance très étendue de l'espèce en question, et je pense que le naturaliste comme l'éleveur, et comme le scientifique qui étudie en laboratoire uniquement certains aspects de l'insecte, méritent tout trois la dénomination d'entomologistes.

5.3 Savoir académique

Notre ouvrage est volontairement centré sur les activités de conduite d'élevage. Nous n'abordons pas les techniques d'élevage et donc il ne pouvait pas faire l'objet d'une publication dans les revues entomologistes. Il est aussi volontairement conçu pour être un document maniable, avec un nombre de pages limité pour accéder rapidement aux informations – en entreprise le temps disponible pour acquérir des connaissances étant souvent circonscrit. Son contenu et sa forme sont donc éloignés du savoir formel académique.
Mais vous souhaitez peut-être acquérir un tel savoir, afin d'aller dans le détail dans ce que l'on pourrait appeler les « techniques de gestion de l'élevage d'insectes » ? Nous vous recommandons le programme I REaR du Dr. C. Alken COHEN du département d'Entomologie, Université de Caroline du Nord. Bien que centré sur la connaissance de la biologie de l'insecte et de sa nourriture, c'est à notre connaissance le seul département universitaire dédié à l'étude de l'élevage d'insectes en tant que tel. Tous les départements de recherche qui inventent des techniques d'élevage ont pour objectif premier l'étude de la biologie des insectes : le développement des techniques sont des conséquences et non des objectifs. Le département du Dr. COHEN a

des programmes de recherche consacrés exclusivement à l'élevage des insectes, et propose des solutions de mentorat pour les éleveurs professionnels. Il produit une littérature conséquente. Les cours d'élevage fournissent des indications d'élevage étendues, détaillées et basées sur des méthodes. Présentation du programme issue de www.insectdiets.com :

« Le programme I REaR est consacré à :L'avancement de l'élevage d'insectes en tant que science formelle et en tant que technologie, la formation des étudiants et des professionnels de l'élevage aux pratiques d'élevage les plus modernes, le développement du contrôle de la qualité et du contrôle des processus dans les systèmes d'élevage, le développement de techniques quantitatives de diagnostic pour résoudre les problèmes d'élevage et la constatation que l'élevage d'insectes doit être multidisciplinaire et guidé par les données ».

5.4 Plaidoyer pour une science de l'élevage des insectes

L'élevage d'insectes n'est pas aussi bien établi dans l'économie que les élevages traditionnels (par exemple de bétail ou de poisson). En comparaison avec ces élevages à l'échelle industrielle, l'utilisation des insectes est restreinte à de petits marchés, du fait de leur moindre utilité sociale. De nombreux instituts de recherche fondamentale et appliquée sont consacrés aux élevages traditionnels, ce qui n'est pas le cas pour l'élevage d'insectes. En conséquence, il nous a semblé raisonnable de penser que l'activité d'élevage d'insectes est moins bien pourvue en vocabulaire et théories spécifiques que ne le sont les activités traditionnelles. De plus, même si certains insectes sont remarquablement beaux et utiles, les insectes en général ne jouissent pas d'une image positive auprès du grand public[10].

Les connaissances issues de la littérature spécifique et les principes de notre méthode de conduite, qui aident à décider quand utiliser ces connaissances, constituent ensemble ce que nous voulons appeler une

---

10 Il y a de nombreuses raisons à cela : des raisons biologiques telle que la transmission de maladies, des raisons culturelles telle que la peur des invasions d'insectes, des raisons psychologiques telle que l'impossibilité de transposer les sentiments humains et l'expression des émotions aux insectes (l'empathie avec les mammifères est intuitivement plus facile).

« science de l'élevage d'insectes ». Nous convergeons donc avec le Dr. COHEN et plaidons l'institutionnalisation volontariste d'une science de l'élevage des insectes. Nous pensons qu'une telle science ne peut qu'engendrer des conséquences économiques, sociales et éthiques positives, pour les raisons suivantes.

Elle augmente la valeur de l'entreprise

La méthode de conduite proposée ici ne peut être utilisée partiellement. C'est une tâche à part entière : du temps doit lui être consacré, vous et votre personnel devez l'apprendre et l'enseigner. En tant que complément indispensable à la littérature spécifique, son effet le plus positif est d'augmenter la quantité de savoir-faire dans l'entreprise. Le personnel est conscient de la nécessité de maintenir et d'améliorer ce savoir-faire, car il (le savoir-faire) est reconnu comme un outil de production. Ainsi, la science de l'élevage des insectes se révèle être un engrenage essentiel de la production pour le court et le long terme, ce qui augmente la valeur de l'entreprise, son patrimoine.

Elle améliore la responsabilité éthique

Élever des insectes dans des environnements artificiels est soumis à des considérations éthiques comme tout élevage d'animaux : éviter les procédures douloureuses, stressantes et inutiles est une nécessité. La science de l'élevage des insectes y contribue, car elle permet une évaluation systématique de la vitalité des insectes et de leur adaptation aux divers équipements. Elle permet aussi de concevoir des élevages qui soient fondés sur l'utilisation du comportement naturel des insectes plutôt que sur la restriction de ce comportement.

Elle améliore la respectabilité sociale

L'entomologie est souvent associée à la complexité et à la protection de la nature, donc réservée aux initiés. Hormis l'apiculture, le grand public ignore que l'élevage d'insecte existe sous d'autres formes et qu'il constitue une activité à part entière. Une science de l'élevage d'insectes montrera au grand public que cet élevage peut être formalisé tout comme les élevages traditionnels, et qu'il en partage les même règles de base. Une science de l'élevage d'insecte ne peut que contribuer à améliorer la reconnaissance sociale de l'éleveur d'insectes.

6 BIBLIOGRAPHIE

Sources d'inspiration

DEMING, 1982 : *Out of the Crisis*, Massachusetts Institute of Technology

LATOUR et al., 1986 : *Laboratory life: The Construction of Scientific Facts*, Princeton University Press

Pour des procédures détaillées d'élevage (exemples de littérature spécifique)

GRENIER et al., 2003 : *10TH Workshop of the IOBC Global Working Group on Arthropod Mass Rearing and Quality Control*, Global IOBC Bulletin N° 2

LEPPLA et al., 2002 : *Proceedings of the Eighth and Ninth Workshops of the IOBC Working Group on Quality Control of Mass-Reared Arthropods*, University of Florida

BOLLER, 1972 : *Behavioural aspects of mass-rearing of insects*, BioControl, Springer Netherlands

SINGH, 1982 : *The rearing of beneficial insects*, New Zealand Entomologist, Vol. 7, N° 3

Alternatives possibles à la méthode de conduite

SINGH, 1980 : *Insect rearing*, Science Information Pub. Centre, Dept. of Scientific and Industrial Research, Wellington, New-Zealand

WYNIGER, 1974 : *Insektenzucht : methoden der Zucht und Haltung von Insekten und Milben im Laboratorium*, Ulmer, Germany

D'ASHBY, SINGH, 1987 : *A glossary of insect rearing terms*, Science Information Pub. Centre, Wellington, N.Z., Dept. of Scientific and Industrial Research, Wellington, New-Zealand

DUNN, 1993 : *Caring for insect livestock : an insect rearing manual*, Young Entomologists' Society, Special publication, N° 8, Lansing, Michigan

KAHN, 1993 : *Strategy for insect rearing and animal breeding at the ICIPE*, International Centre of Insect Physiology and Ecology, Nairobi, Kenya

KING, 1984 : *Advances and challenges in insect rearing*, Agricultural Research Service, Southern Region, U.S. Dept. of Agriculture, New Orleans

7 INDEX LEXICAL

Adéquation 18
Cahier des charges 14
Compréhension théorique 40
Conduite d'élevage 7
Configuration de l'élevage 16
Diagramme d'expérience 48
Diagramme de production 44
Difficulté 9
Échec récurrent aléatoire de production 35
Efficacité 27
Efficience 28
Effondrement d'élevage 35
Élevage asynchrone 23
Élevage cible 25
Élevage complet 23
Élevage cycle 24
Élevage de base 25
Élevage en demi-pension 25
Élevage en pension complète 25
Élevage fixe 24
Élevage goulot 27
Élevage hôte 25
Élevage libre 26
Élevage nourricier 25
Élevage souche et export 22
Élevage stade 24
Élevage synchrone 23
Élevage variable 24
Espèce base 26
Espèce cible 26
Expérience 13
Histoire de l'élevage 47
Interactions dépréciatives 19
Journal d'expérience 47
Journal de production 44
Ligne d'élevage 24
Masse critique d'insectes 20
Modèle diachronique 43
Modèle synchrone 41
Moyens de production 15
Parcimonie 33
Points stratégiques 6
Procédure spécifique intensive .. 29
Procédure standardisée 29
Procédures d'élevage 16
Réductionniste 33
Responsabilités 15
Ressources 16
Risque d'échec 43
Savoir négatif 50
Savoir positif actif 50
Savoir positif inactif 50
Savoir-faire 14
Taux de mortalité opératoire 18
Theory-ladedness 32
Type d'élevage 20
Variation inhérente de la qualité 41

DU MÊME AUTEUR

Version anglaise
Professional Insect Rearing, Éditions BoD, 2015
ISBN 9 782 322 042 777

Cours d'entomologie pour l'agriculture naturelle
Institut Technique d'Agriculture Naturelle, formation en ligne :
www.ecole-agriculture-durable.eu

L'agroécologie : cours théorique, Éditions BoD, 2015
ISBN 9 782 322 042 760

L'agroécologie : cours technique, Éditions BoD, 2015
ISBN 9 782 322 015 948

www.ingramcontent.com/pod-product-compliance
Lightning Source LLC
Chambersburg PA
CBHW050019230526
45470CB00003B/1038